# 脆弱心理学

颜丽媛 / 著

全国百佳图书出版单位

时代出版传媒股份有限公司

安徽人民出版社

图书在版编目 (CIP) 数据

脆弱心理学 / 颜丽媛著 .—合肥 : 安徽人民出版社 , 2022.11

ISBN 978-7-212-11517-3

Ⅰ . ①脆…　 Ⅱ . ①颜…　 Ⅲ . ①心理学—通俗读物　 Ⅳ . ① B84-49

中国版本图书馆 CIP 数据核字 (2022) 第 193366 号

# 脆弱心理学

颜丽媛　著

出 版 人：杨迎会　　　　　　　　责任印制：董　亮

责任编辑：王光生　　　　　　　　封面设计：米　乐

出版发行：时代出版传媒股份有限公司 http://www.pres-mart.com

　　　　　安徽人民出版社 http://www.ahpeople.com

地　　　址：合肥市政务文化新区翡翠路 1118 号出版传媒广场八楼　邮编：230071

电　　话：0551-63533258　 0551-63533292（传真）

印　　刷：廊坊市海涛印刷有限公司

开本：889mm×1194mm　　 1/32　　印张：8.75　　　字数：195 千

版次：2023 年 3 月第 1 版　　　2023 年 3 月第 1 次印刷

ISBN 978-7-212-11517-3　　　　　定价：42.00 元

前言

　　如果将熔化的玻璃滴入冰水之中，就会形成蝌蚪状的"玻璃泪滴"，被称为"鲁珀特之泪"。这种玻璃有一种奇妙的属性，"泪珠"能够承受巨大的压力，而稍微对尾巴施加一点压力，整颗玻璃泪就会瞬间粉碎。对我们来说，每个人都是一颗"鲁珀特之泪"，即使再强大的人，内心都存在着脆弱的一面。

　　脆弱的心理会使人们变得异常敏感，在外界各种信息的刺激下，众多负面情绪汹涌而至，以至于他们无力应对。于是，他们开始变得焦虑不安、患得患失，因过度的想象而感到恐惧，因封闭自己而变得消极，因无法满足自身的需求而变得易怒……这一切，都是脆弱衍生出的消极情绪。就像电影《华尔街之狼》所演绎的一样，他们只是一群捕猎者，完全丧失了一个人原本的感性与认知，凭借着药剂、毒品度过人生的难关。他们粗鄙、暴躁、不知廉耻。然而，对于这一切，他们一无所知。

我们总是认为展示自己脆弱的一面是一种怯懦的表现。在面对他人时，为了掩饰内心的脆弱，我们都会习惯性地戴上一副完美的面具。其实，一个人的笑容背后往往是不为人知的酸楚，坚强的外衣下藏着脆弱的心灵。只不过，大多数人早已将悲伤情感的表达设置成了静音模式。被他人照顾在我们眼中是一件羞耻的事情，每个人都在尽力展示"所有问题自己扛"的独立，却只敢在深夜里独自体会内心的脆弱和悲伤。我们认为"报喜不报忧"是一种成长，殊不知真正地接受和包容自我才是我们该有的成熟。

一个人的内心为什么会感到脆弱？其根源在于遭受的苦难所留下的心理创伤。心理学上将心理创伤分为两种：一种是天灾人祸导致的急性创伤；另一种是长期的不堪经历导致的隐形创伤。前者指的是亲人离世、性侵、霸凌等，令人难以接受的场景；后者指的是过往的经历不知不觉中留下的阴影，就像被抛弃的经历导致的缺乏安全感、被忽视的经历形成的取悦症、因不断失败而出现的习得性无助等。而这些心理创伤已经成为我们的一部分，时刻影响我们的生活。

如果我们想要变得真正强大起来，就要敢于面对脆弱，不再逃避，不再伪装，不再为自己构建一个虚假的自我。一个人偶尔的脆弱，能够让别人从心理上感受到他真实的一面，从而令他人降低压迫感，拉近双方的心理距离，能够赢得更多人的喜爱。所以，我们要告诉所有人：我们会犯错，会沮丧，会有无能为力的时候，我们也需要用眼泪治愈心理的创伤。有时候，当我们卸下自己的面具，敢于展示自己的脆弱时，他人也会因我们的脆弱而感觉我们的真实，也非常愿意与我们交往。

你的思维模式决定了你的行为。素黑曾说："受害者最大的伤口不是被伤害，而是不肯放下受害者的角色，宁愿浸淫在痛苦和自怜的心理惰性中，被负面思想侵占理智和心胸。"而这就是"受害者思维"，也是一种典型的"弱者思维"。当我们出现这种思维模式时，会自觉地将自己看成一个受害者，通过肯定自己的无辜，推卸责任。但是，这些弱者思维只会让你沉浸在现实的痛苦之中，而这个世界并不会为你的脆弱、你难以控制的情绪埋单。所以，只有改变你的弱者思维，你才能坦然地面对你的人生。

当一个人遭受挫折时，在心理层面就会形成自己的应对策略，这就是心理防御机制。它的目的在于帮助人们在面对失败和挫折时减轻压力，恢复心理平衡。然而，脆弱背后的心理防御机制，会将我们引入一个误区：通过各种方式缓解因内心脆弱而产生的压力，不仅对现实毫无裨益，还会让我们一叶障目，任由事端继续恶性发展。当我们因这些心理防御机制而感到自足时，就很容易出现退缩、恐惧等心理疾病。

对待脆弱，我们习惯遮遮掩掩，殊不知正面积极的脆弱，不仅能对相互慰藉、加深彼此之间关系起到至关重要的作用，还能够通过内心的脆弱而提升自己的行动力。当你生气的时候，你可以化生气为动力，增强我们面对任何事情的勇气；

当你孤独的时候，你可以享受孤独，和自己的心灵对话，读懂自己的内心从而认清自己，在孤独中成就最好的自己；当你产生忌妒时，是因为你察觉到了自己与对方在能力或其他方面存在着差距，从而激励自己不断地努力和完善……

也许，沮丧、绝望、无助等体验都会在某个时刻与自己不期而遇。只有接纳内心的脆弱，才能真正变得强大，承认自己的脆弱，不是认输，更不是妥协，而是让自己喘一口气，积蓄力量去实现更大的目标。

目录

## 第五章　改变弱者思维模式

## 第六章　脆弱背后的心理防御机制

## 第七章　发现脆弱的优势

# 第一章　脆弱的阴暗面

# 1
## 焦虑不安

我们无论处于哪一个年龄阶段，都会出现一定程度的焦虑情绪。临近毕业时，为择业和生存而焦虑；参加工作后，为自己的职业发展而焦虑；单身时，为以后的情感生活而焦虑……快节奏的工作和生活总会在无形中加重人们的焦虑感，使他们内心烦躁，无法专注于工作和生活。

温雅是一名高中生，家境殷实。她的家人很关心她，经常到学校去看望她，给她带一大堆营养品，叮嘱她好好学习，一定要考上大学，为家族争光。

家人的期望给她造成了巨大的压力，导致她上课时注意力不集中，容易分心，经常担心如果自己考不上大学，丢尽家人的脸。于是，为了顺利考上大学，她整天都在为如何学习才能考出好成绩而焦虑不安。她每天除了争分夺秒地学习，晚上还要躲在被子里看书。但是，这种学习方式严重影响了她的休息，导致白天昏昏沉沉，课堂效率极低。而她舍不得休息，因为，在她看来，休息会耽误自己的时间而使自己的成绩不如别人。

这种焦虑不安的情绪在考试的时候尤为明显，她总是担心自己会比别人考得差。正因为这种焦虑，她在考试中的紧张感不断增加，导致每次考试的成绩都不理想，而这使得她更加焦虑不安。

从心理学角度分析，产生焦虑的原因有很多。比如，太过在意外界的评价、内心的完美主义、对不确定的未来的恐惧等。然而，从深层次考虑，其实焦虑源于一个因素：内心的脆弱。

当一个人太过在意他人对自己的评价时，就会让这些评价成为无形的枷锁，而无法倾听自己内心真正的声音。比如，一个女孩特别喜欢物理，考试成绩也经常名列前茅，可当她听到老师说"男孩子的逻辑思维一般要优于女孩子，等以后女孩子学到更为复杂的知识后，就会落后于男孩子"时，这句话就像魔咒一样每天萦绕在耳边，以至于她在继续学习物理的过程中，会时常担心自己的成绩下降，从而焦虑不安。她不敢真正地审视自己，反而渴望通过他人的认可与赞美来证明自己的强大，这正是内心的脆弱所导致的结果。

完美主义导致的焦虑也是如此。任何人都不可能在所有方面尽善尽美。当你无法驾驭完美主义的思想时，它就会反过来驾驭你。社会心理学家谢洛姆·施瓦茨曾以价值观为标准，将人分为最佳选择者和知足者。最佳选择者会拼尽全力，以获得一个最好的结果；知足者只要选择一个能够达到标准的结果，就会觉得满足。最佳选择者花费了大量的时间和精力获得的结果要远远优于知足者，然而，他们时常对自己获得的结果感到不满意，从而焦虑不安。与在意他人评价的人

不同的是，外界的信息刺激虽然不能对完美主义者产生太大的影响，但是他们需要通过近乎完美的成就或人格才能认可自己，而这种心态往往更容易导致焦虑，甚至是抑郁。

考试、面试等事情经常会令人产生焦虑情绪，这是因为，对于那些不确定的事情，我们往往会在脑海中不断猜想可能发生的后果，担心自己不能取得一个令人满意的结果。我们担心明天，又会在明天担心后天，以至于不断焦虑下去。然而，明天的不确定因素太多了，你根本就不知道明天究竟会发生什么。计划赶不上变化，我们与其一直因为未发生的事情焦虑，让自己活得如此之累，不如就好好地活在今天。

如果我们不能正视内心的脆弱，焦虑不安的情绪就很容易使神经长期处于紧绷状态，在一定程度上会影响正常的工作和生活，甚至会引起身体不适等生理病症，走向极端的自残、自杀行为等。一位焦虑的家长，很可能在不知不觉中将自身的焦虑情绪宣泄在孩子身上，加重孩子的心理负担，一旦孩子表现得不尽如人意，就会遭到家长的指责和批评，长此以往，会导致孩子越来越不自信；一位焦虑的员工，会深陷"焦虑—自责—失败—焦虑"的恶性循环中，在焦虑情绪的影响下，员工很容易被打乱正常的工作节奏，增加挫败感；一位焦虑的恋人，在一定程度上会将这种负面情绪传染给另一半，导致彼此之间的关系在忽冷忽热中变得脆弱不堪。

所以，当我们出现焦虑情绪后，不要让自己深陷在与焦虑的纠结与对抗中，要学会正确看待焦虑，直面内心的脆弱。

如果不敢直面问题，又何谈去解决问题呢？在面对生活中出现的各种焦虑情绪时，我们应该放松自己的身心，坦然面对生活的不如意，让脆弱的心灵不至于被突如其来的压力打倒。坚强一点，你才不会被生活击败。只有内心坚强和笃定，才能使自己变得强大起来。

# 2
## 患得患失

现实生活中存在这样一类人，他们无论做什么事情，都需要反复分析利弊，将方方面面都计划周全。但在完成之后，他们又会变得忧心忡忡，担心出现某种意外，而且极其看重他人对自己的评价，计较个人的得失，心中不得片刻安宁。这种心态就是典型的患得患失。

患得患失从字面上讲，是指害怕得不到，得到了又害怕失去的状态。从心理学角度来讲，患得患失的心理，是由于内心无法接纳现实与理想所存在的差距而导致的。我们的内心渴望呈现一个具有强大能力的形象，但是在现实中，我们无法达到这种自身期望。这时，当我们在面对某件事情时，我们的主观意识会认为自己应该去行动，而潜意识会因担心付出了行动却无法得到回报，从而终止我们的行动。当主观意识与潜意识不统一时，我们就会出现这种在进退之间犹豫不决的状态，也就是患得患失。

脆弱心理学

心理学上有一个"布里丹毛驴效应"。法国哲学家布里丹买了一头小毛驴，他每天都要向附近的农民买一堆草料来喂养毛驴。有一天，向布里丹出售草料的农民出于对他的敬仰，额外多送了一堆草料。当毛驴站在两堆相同的草料之间，它始终无法辨别哪一堆比较好，于是，它就一直站在原地，一会儿考虑数量，一会儿考虑颜色，犹豫不决，最终活活饿死了。这就是患得患失带来的结果，因纠结于取舍而什么也无法得到。患得患失的心理会使人在精神上忧虑过度，导致神经衰弱，出现焦虑、烦躁、失眠等症状。

患得患失的心理是一个人成长路上的精神枷锁，是笼罩在人的心头挥之不去的阴影，让人们在本该功成名就时错失良机，在本该及时止损时深陷泥潭。当我们总是担心自己会失去什么时，我们就什么也无法得到，因为不想放弃任何旧的事物，所以无法收获新的事物。正如哲学家叔本华所说："人生是在痛苦与无聊、欲望与失望之间摇晃的钟摆，永远没有真正满足、真正幸福的一天。"

一个人考虑得越多，就越容易出现患得患失的心理。就像创业一样，在创业之初，我们的处境虽然十分艰难，但不会纠结于得与失，因为我们本来就一无所有。然而，当我们取得一些成绩、获得一定的资本之后，就很容易变得犹豫不决，出现患得患失的心态。我们会担心失败，担心以往的一切努力都付之东流，被已经攥在手中的资本束缚。而且，在担忧的同时，我们又会期望自己做出正确的选择，在这种矛盾的心理下，不断纠结、不断权衡，直到错失良机。

很多决定会对我们的人生产生巨大的影响，但无论成功还是失败，我们都是在不断地进步。当然，每个人都希望自己能够做出最佳的选择，但是如果在做出决定之前，反复权衡利益而犹豫不决，最终的结果并不是收获，反而会让你失去更多。

奥纳西斯是世界上著名的希腊船王，他的成功主要得益于果断的决策能力。有一次，世界爆发了经济危机，百业萧条，海上运输业也未能幸免。奥纳西斯和朋友听说加拿大的国营铁路公司为了度过危机，打算拍卖家当，其中有几艘曾经价值200多万美元的货船，仅仅以2万美元的价格进行拍卖。

奥纳西斯的朋友对这几艘货船的态度不是很明朗，他认为这是一个发展的契机，却又担心萧条的经济状况会使这些货船毫无用武之地，白白消耗自己的资金。的确，当时的海上运输业异常惨淡，一些老牌的海运企业都纷纷选择了转行，然而奥纳西斯没有犹豫，果断决定，前往加拿大买下被拍卖的货船。

在很多人眼中，奥纳西斯无疑是一个疯子，白白地将大把的钞票撒向大海，而一些朋友则劝告他不要做这一桩生意，但奥纳西斯并没有因为他人的劝告而动摇。事实证明，他是对的，经济危机之后海运业迅速回暖，奥纳西斯的身价骤然增加，成了希腊海运业的一大巨头。

乔夫曾说："不急功近利，不患得患失，坚定不移地奠定

基础、创造条件，自会有妙手偶得的乐趣。"所以，我们要明白对某些事情来说，过程远比结果更为重要，只要尽了自己最大的努力，无愧于心即可。

其实，无论什么样的生活，都会存在得与失、成与败，人生就是因为这种无常才变得精彩。我们在面对得与失时，要懂得正视它们，世间万物本就来去无常，得到的时候我们要懂得珍惜，失去的时候也不需要无所适从。正所谓"旧的不去，新的不来"，一个人失去的多，收获的也就越多。如果总是沉浸在患得患失的状态中，犹豫不决，只会白白耗费自己的人生。

# 3
## 无力感

很多人都有过这样的体验，无论做什么样的事情，付出多少努力，都无法达到自己的预期。甚至，有些人会因为这种无力感而变得消极厌世，认为即使自己再怎么折腾，也无法过上自己想要的生活。在他们眼中，纵使一生辛勤耕耘，所期待的那些美好似乎也不会开花结果。

我们不得不承认，无力感是一种极其痛苦且危险的心理体验。它在一定程度上会打击一个人的积极性，甚至会使人深陷无力感之中，从此一蹶不振。就像村上春树在《1Q84》中所说："慢性的无力感是会腐蚀人的。"

1967 年，美国的心理学家马丁·塞利格曼做了一项实验。他将一条狗关进了笼子，并在笼子上安装了一个蜂鸣器。只要蜂鸣器发出声音，他就会对狗实行难以承受的电击。而由于笼子的束缚，狗只能在听到蜂鸣器响后，接受来自外界的电击，发出惨叫。

经过多次实验，当蜂鸣器发出声音后，他并未对狗进行电击，而是选择将笼子的门打开。令人感到意外的是，狗并没有选择逃出笼子，而是在电击出现之前就已经开始呻吟和颤抖，表现出一副即将遭受电刑痛苦的样子。狗本来是能够主动逃避电刑的，但以往的惨痛经历，让它放弃了尝试，并绝望地等待着痛苦的到来。

马丁·塞利格曼将这种心灰意冷、坐以待毙心理状态称为"习得性无助"。随后的实验证明了这种习得性无助也会出现在人的身上。当一个人一再努力都无法收获成功时，他就会认为整个世界都在与自己作对。不然，为什么自己一次次的努力和尝试都无法得到想要的结果，哪怕是一个微不足道的愿望都无法实现？

每一次的失败，都会给一个人带来或多或少的挫败感，会消磨他一往无前的勇气和自信。在长期的积累下，即使这种挫败很小，也会导致他认为自己的力量根本不足以改变所面对的一切。于是，他便丧失了斗志，陷入深深的无力感中，进而放弃所有的努力和行动。

在日常生活中，我们经常会见到一些令人感到无力的例

子。比如：一个孩子，乖巧听话，而且学习成绩优异，但他没有获得父母的喜爱和认同；一名员工在工作岗位上兢兢业业，早出晚归，但是，长期加班加点的工作既没有使他的业绩提高，也没有使他得到老板的重视和提拔……

当一个人再次面对令自己感到无力的事情时，他们会感到焦虑和恐惧。他们一方面渴望突破，挣脱长期困扰自己的无力感；另一方面，却在行为上不断撤退和逃避。这就是由于长期的挫败感在他们心中已经扎根，逐渐腐蚀了内心的自信和勇气。脆弱的内心使他们感受到自身的无力，避免因再次失败使自己变得更加无助，便死守着无力改变的结局。不断的失败将他们拖进了致命的非理性思维的陷阱。

当习得性无助出现之后，他们面对令自己感到无助的事物，会秉持一种持续性的畏惧态度。比如"我这一辈子就这样了""我根本解决不了这种麻烦""我再也不相信爱情了"等。如果我们能够意识到，自己所面临的失败只是暂时的，乌云终将散去，那我们就不会一直陷在"徒劳无功"的无力感中，心理学家塞利格曼曾说："乐观的人倾向于把麻烦解释为短暂的、可控的，并且是针对某一特定情况的；悲观的人正好相反，他们相信眼前的麻烦会持续永远，破坏他们所做的所有事，并且是不可控的。"

如果一个人长期遭受失败和打击，他很大程度上会将这种无力感扩散到任何事物上，心理学上称其为"泛化"。这种"泛化"带来的无力感会严重影响他们的正常工作和生活，原本只需要付出少许努力的事情，也会在他的眼中变成艰巨的任务。比如，如果一个人长期在工作上遭受打击和挫折，那么他就会将工作上的无力感泛化到家庭和人际关系上，从而使家庭关系或人际关系变得越发疏远和恶化。

有些无力感源自错误的归因方式，当你将所有的挫折与失败全部归咎于自己，你就会对自身的能力产生怀疑。长此以往，你便会在这种错误的认知下，不断打击自己的自信心，越来越感到无力。心理治疗师萨提亚曾说："要将所有的负面信息当作对自身行为的评价，而不是对自身价值的评价。"一旦盲目地将失败的原因归结到自己身上，会从根本上降低一个人的自我价值感，从而使他放弃希望，坐以待毙。

所以，我们一定要保持一种积极的心态。当我们产生无力感时，尽量多回忆一下以往的成功和荣耀，从而使自己充满信心，勇敢前行。

# 4
## 恐惧

恐惧情绪是人类的一种心理本能，对人的生存与发展能够起到适应性作用。进化心理学家指出，当原始人类在遭遇危险时，就会产生恐惧情绪，从而帮助他们避开危险。如果我们感受不到恐惧，就无法做出逃避的行为，而使自己受到伤害。所以，恐惧也可以看作一种趋利避害的自我防御机制。

美国作家霍华德·洛夫克拉夫特曾在《文学中的超自然恐怖》中写道："人类最古老而强烈的情感就是恐惧，而最古老而强烈的恐惧，则源自未知。"确实，从心理学角度分析，恐惧的产生就是源自事物的未知性。心理学家弗里茨认为："当人们在生活中习以为常的事物发生改变或失去依靠时，就会产生恐惧感。"对于各种各样的事物，人们的大脑中会为之建立相应的模型，而建立的基础在于自我接触或他人分享的信息，比如父母警告我们远离火焰或开水等带有高温的物体。但是，当一个新事物出现时，我们的认知中没有与之相对应的模型，就无法凭借以往的经验来应对这种新的事物，于是，恐惧感就此产生。

比如，一个人缺乏社交经验，当他与陌生人接触或需要当众回答问题时，就会由于过度紧张而出现动作拘谨、语无伦次等现象。然而，在日常生活中，他可以表现得游刃有余，这种恐惧的情绪只发生在一些正规的场合。这就是因为我们对未知产生了恐惧，从而不能正确判断和控制自己的举止。

过度的想象也是产生恐惧的原因之一。比如，在电影《异形》中，伴随着令人恐惧的音乐，主人公一个接一个地死去，而"异形"迟迟没有出现，于是，观众内心的恐惧在不断加深。直到电影的最后一刻，面目狰狞的"异形"才出现在观众面前，然而，见到"异形"的那一刻，观众才发现原来它并没有想象中的可怕。所以，与其说我们恐惧事物本身，不如说我们只是陷入了过度想象的恐惧之中。

如果过度的想象中出现了负面联想，那这种想象会迫使我们在面对某种情境时，一直幻想最糟糕的结果即将出现，从而将自己拖进恐惧的恶性循环中。比如，如果你对在众目睽睽之下表演感到紧张，甚至恐惧，一旦你开始幻想自己表演失误或遭到观众嘲笑的场景，这种对登台表演的恐惧就会加深，使你变得更加焦虑和紧张。然而，这种恐惧只是来源于自己的联想，是我们为自己虚构出来的东西，并不是事物本身。

除此之外，恐惧感的产生与以往的心理创伤有一定的关系。俗话说："一朝被蛇咬，十年怕井绳。"如果我们在之前受到过某种刺激，大脑中就会生成一个兴奋点，当我们再次遇到同样的事情时，就会唤醒以往的心理体验，产生恐惧感。就像经历过丧亲之痛的人，再次见到丧事时，就很容易勾起当初经历的痛苦感受。

19世纪初期，美国的心理学家通过条件反射的理论，证实这种恐惧的产生机制。心理学家认为，恐惧的产生与持续是由于恐惧反复出现使焦虑情绪出现条件化，而回避行为阻碍了这种条件化的消退。也就是说，当一个人遭受到某一恐惧刺激时，当时情景中一些非恐惧刺激来源也会给他们留下深刻的印象，两者相互作用，形成一种条件反射。当他们再次遇到非恐惧刺激时，也会产生强烈的恐惧情绪。

举一个例子：你开车路过一个十字路口，目睹了一场车祸的发生，一辆货车将小轿车撞得面目全非。你对眼前的情景感到十分恐惧。第二天，你再次开车路过这个十字路口，

虽然路上并没有出现交通事故，但是你仍感觉心有余悸。

其实，恐惧感的产生是一种正常的心理现象，每个人都会体验。就像生活中的很多事情，都会令我们产生焦虑感和恐惧感。比如不敢一个人走夜路，在生病之后胡思乱想等。但是，如果我们沉浸在恐惧之中，混淆幻想与现实的区别，就会不断强化这种恐惧心理，使自己相信无力抗拒失败或灾难，这种恐惧就会变得难以消除，最终演变成一种恐惧症。

恐惧症会将对某种事物的恐惧，深深地印在患者的大脑中，无时无刻不在对他们做出某种心理暗示，如广场恐惧症、社交恐惧症、幽闭恐惧症等。而这种心理疾病往往会使人陷入莫名的恐惧中：广场恐惧症患者，会在空旷或嘈杂的环境中感到恐慌；社交恐惧症患者在面对陌生人时，会感到恐慌；幽闭恐惧症患者对封闭或狭小的空间感到恐慌。

所以，正确地看待恐惧才不会被恐惧心理牵制，不会成为恐惧的奴隶。只要我们不再用很多糟糕的想法来自我恐吓，我们就有能力避免陷入恐惧的循环中。

# 5
## 消极

"我生来就是一个悲观主义者。"这是很多人挂在嘴上的一句话，他们总是以一种消极悲观的心态看待未来和生活。在他们眼中，窗外的明媚阳光显得格外刺眼，阵阵清风显得凄凉萧索；都市的繁华是喧嚣与吵闹的，房间中的静谧是孤独的。似乎，对他们来说，一切的美好都是奢侈的，而所有的阴暗仿佛都在身边。

心理学家认为，消极悲观是一种由于自我感觉失调而产生的不安情绪，通常表现为心理上的自我指责、安全感缺失、对未来不抱希望等。这种病态心理的形成，在一定程度上是受到了个人成长环境的负面影响。比如，离异家庭给孩子造成的心理创伤，父母缺乏对孩子的关爱，在成长的过程中曾遭到他人的欺凌等。这种经历会使一个人的心理渐渐变得脆弱，最终形成不正常的思维模式。一个心理脆弱的人，心理容量相对有限，视野也就相对狭隘。一旦形成某种负面的思维模式，当某一个负面信息长期萦绕在心头，并在不断思考中放大到自身无法接受的程度，就会令人感到力所不逮，变得消极悲观。

而且，这类人大多数十分敏感，与其他人相比，他们要更容易感知到他人不易察觉的变化，这也就意味着他们更容易感受到痛苦。就像是一次小小的挫折，有的人能够一如既往地生活，但消极的人经常会感受到这种微不足道的痛苦。当那些别人满不在乎，你却如临大敌的痛苦越来越多时，你就会变得越发消极悲观。

消极的心理是一个人迈向成功的最大阻碍，因为他们往往会活在灰色的世界中，哀怨沉沦，丧失了斗志，看不到明天。然而，他们只是用自己悲观消极的眼光看待世界，而并非世

界已经失去了色彩。罗伯特·斯库勒就曾为乐观者和悲观者划出了界限。悲观者会说："我只有看见了才会相信。"乐观者会说："只要我相信，我就能看见。"

雨婷最近正在节食减肥，有一天，同事邀请她去参加聚会，她在去之前明确地表示自己只喝一点酒，不能吃任何油腻的东西。但是，在聚会的过程中，气氛越来越高涨，她忍不住吃了一点烤肉。回到家之后，她失望地对自己说："就是因为今天晚上没有控制住自己，之前做的努力都白费了。我真是太没用了，总是经受不住诱惑，做什么事情都无法坚持。既然减肥计划失败，那我就干脆痛痛快快地吃一顿好了。"

消极悲观的人认为坏事的发生都是永久性、普遍性的，所以，对每一件事情的解释，他们都会倾向于不好的一面。就像案例中的雨婷一样，她将失控的原因归结为自制力差，而且通过一次失败就完全否定了自己。如果这种错误的认知得以延续，那么他们就会相信，生活中这些糟糕的事情，一直都会发生在他们身上，并严重影响着他们的正常生活，同时，他们还会将自己通过努力获得成就归因为侥幸。

但是，积极乐观的人不会陷入这种错误的认知，虽然他们经历的挫折和失败并不比悲观者少，然而，他们会认为这些困难都只是暂时的，并不会束缚自己前进的脚步。

同一件事情，从不同的角度来看就会得到不同的结果。有这样一个故事：一个秀才进京赶考，住在一家客栈里。在考试之前，他做了三个梦：第一次梦到自己在墙上种白菜；

第二次梦到自己在下雨天，戴着斗笠还打着伞；第三次梦到自己和心爱的女子背靠背躺在一起。

这三个梦似乎都有深意，于是，他找算命先生帮自己解梦。算命先生听说之后，便让他放弃科举，直接回家去吧。秀才心中不解，询问原因。算命先生解释说："墙上种菜，不是白费劲吗？戴斗笠打伞，不是多此一举吗？和心爱的女子背靠背躺在一起，不是没戏吗？"

秀才一听，心灰意冷，决定收拾东西回家。客栈老板感觉非常奇怪，问道："不是明天就考试了吗？怎么今天就回家了？"秀才将自己的梦和算命先生的话告知了老板，老板笑着说："我觉得你应该留下来，你想想看，墙上种菜是'高种'的意思；戴斗笠打伞说明你有备无患；和心爱的人背靠背躺在一起，说明你翻身的时候到了。"

秀才一听，觉得很有道理，于是，打起精神参加考试，最终居然高中了探花。其实，每个人都有悲观的情绪，但千万不要把悲观当成习惯。如果一个人长期沉浸在悲观的世界，他就会永远感受不到快乐。生活中的很多事，往往都是因为自己的心态改变而改变，如果你能够换一种心态，那你就会有更多的快乐和成功。

# 6

## 易怒

美国心理学家雅克·希拉尔说："愤怒是一种内心不快的反应，它是由感到不公和无法接受的挫折引起的。"确实，生活中的不如意时时刻刻都在影响我们的情绪，于是，为了宣泄内心的不满，我们开始以愤怒情绪作为反抗，逐渐成为常见的"易怒族"。

易怒一般是内心脆弱的表现。当一个人无法接受外界的任何负面评价时，很容易出现激动、愤怒等行为，而这种情况的发生，一般源自童年时期的心理创伤。一个孩子经常遭受他人的严厉指责，在长大之后，为了避免感受以往那种委屈难过且无法反抗的痛苦体验，他们就会使用具有攻击性的愤怒，来拒绝外界的一切否定。这也就是心理上的自我防御，通过愤怒来武装自己，掩饰内心的脆弱。

易怒的人在愤怒的时候，通常会给人一种凶狠的感觉，但实际上，他们的盛气凌人不过是色厉内荏的假象。愤怒恰恰是因自身需求无法得到满足，而又无力改变现状的无奈表现，他们只是用这种方式来表达自己的情绪，希望得到对方的支持与理解。

比如在一段婚姻中，丈夫每天总是很晚才回家，妻子为此感到不满，希望丈夫能够早点回家陪伴她，然而，在表达了几次意愿之后，丈夫依然我行我素。于是，妻子开始变得愤怒，指责丈夫的种种不是。一旦这种方式取得了效果，那她在出现需求的时候，就会选择用愤怒来表达自己的需求。而实际上，妻子除了愤怒没有更好的方法能够让丈夫重视她。

但是，我们需要注意的是，愤怒虽然能够在一定程度上帮助我们更好地表达需求，但是，难免会对身边的人造成伤害。就像维雷娜·卡斯特所说："任何形式的发怒，都隐含着一种对环境和周围世界的攻击性。"而这种攻击性会通过语言和行为等方式展现出来，破坏人与人之间的和谐关系。同时，愤怒往往会令人丧失理智，使人做出一些错误的判断和决策。

有一个关于愤怒的心理学故事，名为《塔里兰的阴谋：愤怒》。1809年，拿破仑获知外交大臣塔里兰意图造反的消息，匆忙赶回巴黎。他召集了所有的大臣举行了一个会议。在会议上，拿破仑不断暗示塔里兰的阴谋，但是对方没有丝毫反应。拿破仑怒火中烧，靠近塔里兰说道："有些人希望我死掉。"但是，塔里兰依然不为所动，反而露出一脸疑惑的表情。

拿破仑愤怒地对塔里兰咆哮道："我赏赐了你无数的财宝，给了你最高的荣誉，而你却想要伤害我。你这个忘恩负义的东西，你就是一条穿着丝袜的狗。"说完之后，他转身离去，其他的大臣从来没有见过这样的拿破仑。

塔里兰不慌不忙地站起来，对所有大臣说道："真是遗憾，

各位绅士，如此伟大的人物居然如此没有礼貌。"

不久之后，拿破仑的失态和塔里兰的镇定传遍了整个城市，领袖拿破仑的威望降低了。愤怒带来的负面形象影响了人民对他的支持。

虽然，肆意表达愤怒会对我们造成不利的影响，但一味压抑愤怒同样会给我们的身心健康带来伤害。不满的情绪会使我们的内心变得狂躁，不断刺激着神经，从而变得更加敏感易怒，增加内心的痛苦。当我们想要发怒时，不妨花费一点时间描述一下自身的感受，尝试推迟表达愤怒的时间。然后，思考自己愤怒的原因是自己受到了某种伤害，还是一些现实的刺激触碰到了自己的敏感点。如果是自身受到伤害，我们可以适当地表达愤怒，表明自己的底线；如果是因为背后的需求或敏感点，我们可以通过其他途径来尝试满足自身的需求，消除内心的愤怒。

我们要学会合理地控制自身的情绪，让自己远离负面情绪的干扰，保持一个良好的心态。所以，当我们想要发怒时，可以深吸一口气，问问自己："真的有必要生气吗？"

# 7
## 自卑

心理学家阿德勒认为："每个人都有着不同程度的自卑感。"在心理学上，自卑属于一种性格缺陷，表现为对自己的能力和品质的评价过低，会给人带来消极的情感体验。自卑的人往往在人际交往中会表现出缺乏主见、畏首畏尾、讨好他人等行为，但他们不会轻易地显露内心真实的失落情绪，反而会以种种表现来掩饰自己的自卑。

一个能力出色且颇具威名的武士，去拜访禅宗大师。当他见到大师之后，对方的身形外貌、一言一行都令他自惭形秽。他向大师问道："为什么我会感到自卑呢？在一分钟之前，我还是一如既往地自信镇定，当我跨进院子见到你时，就突然自卑起来。我曾无数次面对死亡，从来没有感到害怕，但是为什么现在我有些惊恐了呢？"

大师将他领到外面，指着院外的几棵古树说道："看看这些树木，有的高耸入云，有的却只有墙头那么高，它们在我的窗户外面已经待了很多年了，从来也没有出现过问题。一个高、一个矮，为什么我却从来没有听到过抱怨呢？"

武士回答说："因为它们不会比较。"大师笑着回答说："你已经不需要问我了，你已经知道答案了。"

很多时候，自卑感的产生，源自脆弱的内心无法承受因比较而显现出的差距感，从而导致将自己的失败与缺点无限放大，产生自我否定的错误认知。这种比较可能来自对自己的不认同，也可能来自外界的评价。当一个人无法接纳自己的不完美时，就无法正视自己的缺点。比如一个人在生理上存在缺陷，像口吃、狐臭、肥胖等，他担心别人因为这些缺陷嘲笑自己，因此变得不敢靠近任何人。长此以往，他将对

这些缺陷不断放大，对自己不断否定，这导致他在面对那些优秀的人时，会自然而然地产生自卑感。

有些人的自卑源自童年的家庭环境。在每个人的生命中都有一个"邻居家的孩子"，父母经常会拿我们和这个孩子做比较："你怎么一点都不爱干净，你看某个孩子总是干干净净的。""你太淘气了，你为什么不和某个孩子学一下。"……这种情况产生的原因，是父母错把挑剔看作鞭策，他们认为只有不断警示孩子，才能使孩子变得更加优秀。然而，在这种比较的过程中，持续的负面评价会令我们丧失信心，而我们很可能将这种外界的评价当成事实。长此以往，我们就更愿意接受他人对自己的批评，而不愿接受他人的称赞，而且，在与他人比较的过程中，也会下意识地用自己的短处与他人的长处做比较。这种刻意拉开的差距感自然而然会令人产生自卑感。

俞敏洪曾说过："一个内心自卑的人，外在表现一般体现在两个方面：一是对别人的语言行为过分敏感，总觉得别人话中有话，矛头指向自己；二是外在行为常常表现为过激反应，为一件小事或一句话大发雷霆，因为内心的虚弱需要用外表的强悍来保护。"所以，有些自卑的人往往喜欢炫耀，喜欢反对他人。

当一个人因为某方面的匮乏导致心理上得不到满足时，就会产生冲突，导致心理危机。当他的需求得到满足时，他就会无限放大这种事物。从心理学角度来看，炫耀是为了收获他人的羡慕和称赞，满足自己的虚荣心，将曾经失去的东西补回来。而这正是内心的自卑感作祟的结果。

自卑的人言语中带有攻击性是一种常见的现象。从心理学角度来看，这种习惯性语言攻击的倾向，很大程度上源自内心的自卑。这种自卑驱使着他们不断确认自己的看法和建议要优于对方，甚至以攻击别人的方式达到表现自己强大的目的。

当一个人形成自卑心理之后，往往会怀疑自己的能力。长此以往，他们会渐渐地从害怕与他人交往的状态变成完全的自我封闭。即使稍微努力就能够获得的成功，也会因为自我否定而放弃追求。这种自卑，就像是囚徒的枷锁，禁锢着人们的行动，让他们看不到生活的希望，更不敢去憧憬美好的明天。

但是，完美只是人们心中的一种幻想，只有接纳自己的缺陷，努力改变自己，才能使自己的内心变得真正强大起来。心理学家曾指出，自信是能够塑造的，它来源于一个人的信念和积极的行动。有自卑心理的人，往往会过度关注自己的短板和消极的一面，对自己缺乏全面且客观的评价，从而妄自菲薄。如果我们能够对自己进行客观的分析，看到自己的长处和潜力，就能从心里肯定和相信自己的价值，从而告别自卑。

我们不要因为自身某些缺陷的存在，就将自己贬低得一无是处，也不能因一次的失败就全盘否定自己的人生。正确

认识自己，提高自我评价，才是摆脱自卑、重建信心的重
中之重。

# 8
## 自责

　　自责是一个自我反省的过程，但自责和反省不是最终目
的，而是需要找到自身的失误或不足，并加以纠正。懂得自
责是一件好事，能够为我们做出适当的警示。然而，在生活中，
有的人习惯性将所有的错误或责任都归咎于自己，总是不自
觉地思考着自己是不是哪里做得不够好，不断地责备自己。

　　从心理学角度分析，过度自责是由于心理脆弱而不断逃
避现实，通过用自责的方式来保护和缓解自我因糟糕的现实
状况而产生的内心焦虑。这种极端的自责，会使得自我挫败
感不断地积压，以致令人产生严重的自我怀疑。过分的内疚
与自责，是一种畸形的责任感，总是让我们主动承担不属于
自己的责任。在强大的责任感的驱使下，我们只能被迫背负
起整个世界，然而，这只会导致我们整天身心疲惫，不堪重负。

　　研究发现，当人们长期处在过度自责的状态中时，人们
很容易产生焦虑、不安、内疚、恐慌等负面情绪。如果在这
些负面情绪中沉沦，不但会让你失去斗志，还会出现心理疾
病，如焦虑症、抑郁症等。

　　贾谊是西汉著名的文学家、政治家，才华横溢，著有《过

秦论》《论积贮疏》等流传千古的名篇。汉文帝时期，他成了文帝小儿子的老师，任梁怀王太傅。有一次，贾谊陪同梁怀王进京朝见汉文帝，赶到京城时，梁怀王不慎坠马而死。作为梁怀王的老师，贾谊认为自己没有尽到老师应有的责任，内心十分自责，以至于抑郁成疾。一年后，抑郁而终。

每个人都会有令自己感到开心的事，也会有令自己感到忧愁的事。所以，我们要有一个正确的认知，有时候，别人喜欢做什么，产生什么样的结果都是他们自己的事情，与自己并没有多大关系。

电影《红海行动》中，有这样一个片段，在战场上，有一名队员看到队友频频受伤，而且解救人质的任务还遥不可及，于是沮丧地说道："都是我做得不好，我根本不应该来参加这次行动……"这时候，他的队长却说道："你要相信你之所以出现在蛟龙队，就证明你在这里没有错！相信自己……"听了队长的话，队员瞬间提起了信心。

想要保持一种良好的心态，我们就需要避免过于自责。当某些坏事情发生的时候，不是你的错误就不要往自己的身上揽。即使外界有一些指责的声音，你也要坚信自己，不为之动摇。

著名主持人金星以"毒舌"出名。在她主持的节目中，她总是能够以犀利的观点、诙谐的语言赢得观众们的喜爱。

然而，风光的背后是无数的辛酸。尤其是随着越来越出名，她过往的经历更是成为众多"黑粉"最喜欢抹黑的地方。但是，

金星并不畏惧他人异样的眼光，坚持做自己。在主持节目或者当评委的时候，她敢说敢做，三观很正。

甚至，她是第一个敢站出来"手撕明星"的主持人，并且每一个都有事实依据。除了优秀的主持功底，她同样也是一名优秀的舞蹈家，并且在自己的领域获得了巨大的成功。

习惯性将责任揽在自己的身上，一方面是因为过度的责任心，另一方面却是因为想要讨好别人的心理。其实，完全不必如此。有时候，你将注意力过度地放在别人身上，只会引起他人的反感。如果让事情顺其自然地发展，反而能够取得更好的结果。做好自己应该做的事情，就不会一直陷入负面情绪之中了。

所以，我们要学会客观地分析错误，不要再习惯性将工作和生活中失利的原因归结到自己身上。比如当你讲了一个笑话，而对方没有笑，可能是对方没有听清或对方的笑点太高，而并不是你的笑话不好笑。同时，我们也要允许自己犯错，允许自己在某方面并不是那么优秀。每个人都会有自己的短板，给自己一点时间去提升和完善，将成长看作一个循序渐进的过程，而不要总是与他人做比较。即使自己暂时还和他人存在很大的差距，也不要看轻自己，因为一个人的成功是需要时间的。

而且，我们一定要知道，某一件事情的成功和失败不能够决定一个人的价值，当我们出现失败时，我们要告诉自己："这件事情我做得不够好，但我的目标是正确的，而且我也在努力做到最好，只是暂时没有达到目标而已。"

# 9

## 依赖

在现实生活中，无论是与亲人伴侣还是和同事朋友，我们在与之相处时，难免会出现依赖对方或被对方依赖的情况。这种依赖关系是判断彼此之间关系是否亲密的重要依据，越是值得我们信任和依赖的人，与我们的关系就越是亲密。

心理学研究发现，每个人都存在一定程度的依赖感。一个孩子会通过依赖母亲，保护自己免于受到外界的伤害，以获得心理上的安全感。心理学家玛丽·安斯沃斯通过实验，进一步验证了母婴之间的依赖关系。

在实验过程中，她将一个孩子放到一个陌生的房间，房间里摆满了玩具。当母亲在场时，孩子会被鼓励去接触房间中的新鲜事物。几分钟之后，一个陌生人进入房间，母亲离去。在经过短暂的分离之后，母亲又重新回到房间内。玛丽通过观察发现，孩子在母亲离开时，表现出格外的不安和焦虑，并放下手中的玩具。当母亲返回时，他会去接触母亲，并且感到快乐。

这种潜意识中的依赖感经常出现在我们的生活中，当我们出现某种需求，并渴望得到帮助的时候，我们就会去依赖身边最重要的人。通过对方的支持，我们能够更好地应对当

前的困境，维持情绪的稳定。比如，当你遭到老板批评的时候，你一定希望自己的另一半倾听自己的心声，给予自己正向的支持。

然而，过度的依赖会让一个人容易迷失自我。有过度依赖心理的人，内心往往比较脆弱，他们过于在意他人对自己的评价。为了获得他人的关注与认同，他们在交往过程中，会下意识取悦别人、迎合别人。但这种行为在一定程度上，无法得到对方发自内心的尊重。

徐丽在大学毕业之后，通过家人的关系进入了一家公司实习。她的领导与她相差 10 岁，工作经验非常丰富。因为和她的家人有一层朋友的关系，所以，领导对她格外照顾，经常帮助她解决一些问题。

然而，徐丽像是抓住了救命稻草一样，只要工作出现问题，哪怕是一些自己能够解决的小事，也会习惯性地去找领导寻求指点和帮助。不久之后，公司里的员工开始对两个人议论纷纷，领导为了避免造成不好的影响，开始疏远徐丽，并鼓励她自立。徐丽并没有理解领导的深意，只是单纯认为自己被冷落，没有了依靠，变得整天忧心忡忡。

当一个人对他人出现强烈的依赖感，超过一般程度的话，这种依赖就会发展成一种心理疾病，甚至形成依赖型人格。这种心理疾病的出现，往往源自童年时期的依赖需求没有得到足够的满足，从而导致成年之后的心理依旧停留在童年时期的理想化和依赖中，使得"心理哺乳期"不断延长。

就像学习游泳一样，一个人在开始学习游泳的时候是无法离开救生圈的，在他的眼中，救生圈就是一种安全的保障。但是，想要学会游泳，他必须尝试放弃救生圈，自己划水。这是一个缓慢的过程，他可以在不断的尝试中汲取经验，从而逐渐学会游泳技能。如果救生圈突然被人拿走了，他就会拼命抓住其他可以漂浮的东西。在他不愿放开救生圈之前，每一次下水，他都需要一些能够帮助自己漂浮起来的东西。

依赖他人带来的最大好处就是：我们不需要亲自面对生活中的困难与风险，只需要将它们推给我们所依赖的人。即使出现了问题，我们也不必为此感到自责和后悔。就像心理治疗师皮纳所说："那些不做决断的人是在等别人替他们做决断，他们因此不用承担任何因选择失误而导致的责任。"

但是，这种不断地逃避困难、推卸责任的做法会降低一个人的自我价值感。久而久之，我们就会出现"我的能力不足""我是不受欢迎的"等自我认知偏差。于是，在与他人的交往过程中，我们自然而然地将自己放在陪衬的位置，甘心被他人支配，使自己的自尊心不断受到伤害。如果一个人只想着索取却不愿付出，他的心智就会永远停留在不成熟的阶段，从而束缚人生的发展，并且会破坏和谐的人际关系。

所以，告别依赖感是一件很重要的事情。我们只要在日常的工作和生活中，承受住内心的煎熬和压力，独立去完成某件事情，就会发现自己原来也可以做得很好，真切地体会那种成就感。只有这样，我们才能真正改变依赖的心理惯性。

对习惯依赖他人的人来说，人生中的困境和绝境是十分珍贵的历练机会。只有当你身处这些充满挑战的情境，发现身边没有人能够向你伸出援手的时候，才能真正意识到，自己才是自己最坚强的依靠。

# 10
## 脆弱的高自尊

自尊是一个人通过积极的自我评价，形成的一种自我尊重的情感体验。对大多数人而言，自尊是一种良好的心理品质。然而，现实生活中有这样一类人，他们总是希望通过自己的表现来赢得他人的认可，自尊心特别强，同时，他们又很容易在挫折和困难面前，变得格外脆弱。这种心理状态就被称为"脆弱的高自尊"。

于洋出生于一个偏僻的小县城。高考超常发挥，他被一所名牌大学录取，这对一座县城的普通中学来说，是一件非常难得的事情。为此，中学的校长将他的照片挂在了学校的荣誉墙上，并鼓励他说："你是一个特别聪明的孩子，一定能为母校争光的。"

老师的肯定和鼓励，同学的赞美和羡慕让于洋十分受用。然而，当步入大学之后，他发现自己与周围的同学相比，根本就不算是特别出众的人，这让他认识到了自己的平凡和普通。而且，期末考试挂科成了他挥之不去的噩梦，他复习了一段时间，发现自己根本学不进去，甚至理解不了这些知识。

但实际上，这门课程的难度很高，挂科的人大有人在，根本就不是什么丢人的事情。他开始变得自闭，不愿向老师或同学求助，也不愿让别人知道自己出现了挂科。甚至当高中的学弟、学妹向他了解大学的学习和生活情况时，他也不予理会。

拥有"脆弱高自尊"的人，往往需要依靠自我保护或者自我增强来维持高自尊。这使得他们有着很重的心理负担，他们特别关注他人对自己的评价，并渴望通过行动证明自己。于是，不知不觉中，他们就走进了一个自我认知的误区：由他人来定义自我价值。只有自己表现得足够好，别人才会觉得自己足够优秀，才会存在价值。这种认知让他们将过多的注意力放在证明自己上，而不是完成某个目标。

一个人的价值是客观存在的，并不会因为他人的贬低或抬高而改变，也不受制于外界给我们的反馈。自我价值感是一种独立的自我感受，是一个人正确评价自己的产物。一旦我们通过他人来定义自我价值，我们就会无法接受失败，无法接受他人对自己的负面评价，也就更容易变得一蹶不振。

那这种"脆弱的高自尊"是由什么导致的呢？是否是因为遭受了太多的贬低和指责？恰恰相反，"脆弱的高自尊"往往是在长期的表扬和赞美中形成的。

斯坦福大学的心理学教授德韦克做了这样一个实验：他邀请了一群10多岁的小朋友参与实验，将他们分成了两组，

然后，分别让他们完成了 10 道智力测验题。等小朋友完成之后，他对两组小朋友都进行了夸奖，但夸奖内容大相径庭。他对第一组说："你做对这么多道题，你真是太聪明了。"对第二组说："你做对这么多道题，那么你一定很努力。"

结果显示，前者在之后的测验中，会趋向于选择简单的题目，如果强制要求他们选择具有一定难度的题目，他们的表现也大不如前。而且，在最后统计分数的时候，他们中的大部分人都谎报了自己的成绩。而后者能够越挫越勇，不断挑战难题，表现也越来越优秀。

这便是心理学中"僵固型思维"带来的结果。当你夸赞一个孩子聪明时，就意味着你给出了一个结论性的肯定，认为一个人的能力是固定的，能否解开难题是证明你是否聪明的方式。一旦对方接受这一观点，就会将关注点转移到自己身上，并尽力维持自己的形象。于是，他们就不愿再面对任何挑战，以免失败损害自己的形象。而这，也恰恰是导致"脆弱高自尊"的根本原因。当你夸赞一个孩子努力时，就是在告诉对方，一个人的能力不是一成不变的，每个人都可以通过自己的努力来使自己变得强大。两者最大的区别就是："僵固型思维"会让你用现在的能力束缚你的潜力，从而扼杀自身的成长与发展。

比尔·盖茨曾说："这个世界，从来不在意你的自尊，而只看你取得的成就。在你未取得成就之前，切勿过于强调你的自尊。因为越强调，对你越不利。"所以，我们要摆脱"脆弱的高自尊",突破"僵固型思维",使自己变得真正强大起来。

突破"僵固型思维"的关键在于勇于挑战,不惧失败。一个人能力的提升源自不断的挑战,当你在面对挑战时,你需要思考如何去解决问题,完成挑战。而在这个过程中,失败带来的经验和教训会让你变得得心应手,能力也就随着提高。"脆弱高自尊"的人恰恰就是因为不断逃避挑战,故步自封,才会躲在自己的小世界里,忍受不了一点挫折。

# 11
## 抱怨和计较

抱怨是生活中常见的一种情绪反应,它能够帮助人们宣泄内心的不满。然而,抱怨也成了一些人用来反抗现实的一种手段。抱怨自己辛苦加班,老板不给加班费;抱怨自己好心帮助他人,而在自己有困难的时候没有人主动帮助自己。

有两个人相约一起出海,打算找到一个适合自己生存的地方。他们登上了一座荒无人烟的小岛,岛上环境恶劣,处处隐藏着危机。其中的一个人高兴地说:"我打算留在这里了,虽然现在这里环境不尽如人意,但我觉得一切都会好起来的。"而另一个人不想在这座荒芜的小岛上受苦,就选择独自一人继续在海上漂泊。直到有一天,他发现了一座美丽的小岛,便决定留在小岛上,但是,小岛上已经有很多人居住了,他只能在上面做一个服务他人的工人。

一晃很多年过去了，他登上了那座曾经放弃的小岛，来看望自己的朋友。岛上的一切令他吃惊不已，精致的房屋、整齐的农田、热情的岛民……他的好朋友看起来要比自己更加衰老，但精神很好。当两人谈起开垦荒岛的经历时，朋友神采奕奕地对他说："虽然刚开始的时候，生活过得很艰苦，但是现在这一切都属于我了。"

错过小岛的那个人心中懊悔不已，并抱怨说："为什么上天这样厚待你，如果你当初劝我留在岛上，一定过得比现在更好。"

抱怨是一种复杂的情绪，它融合了愤怒、沮丧、焦虑等诸多负面情绪。从心理学角度分析，抱怨源自一个人对现状的不满，也可以解释为现实的情况没有达到个体心中的标准或期望。有时候，很多人对自己或现实的期待不切实际，而且不能跟随时代的发展而灵活变化，结果就是处处碰壁，怨气冲天。比如因无法正确认识自己、用完美的标准去物色结婚对象，导致很长一段时间都无法收获爱情。当一个人总是以过去的价值观来看待如今的新鲜事物，就难免会产生被世界遗忘的失落感。这时，脆弱的心理就会打破原来的心理平衡，使负面情绪不断加剧，令人丧失与挫折和困难斗争的勇气和信心，只能用抱怨来宣泄内心的不满，反抗无情的现实。

研究发现，很多心理疾病都是从生活中的抱怨开始的。长期的抱怨会导致大脑神经递质发生改变，从而提高罹患焦虑症、抑郁症等精神疾病的风险。不仅如此，抱怨所引发的负面情绪的积累会降低动脉血管的韧性，从而导致出现血管硬化的情况，使心脑血管疾病的发病率大大提高。所以，抱怨不仅不能解决任何实际问题，还会在一定程度上损害我们的身心健康。

与长期将自己陷入负面情绪中的抱怨一样，斤斤计较也会对人的身心健康造成不利的影响。心理学家表示，斤斤计较的人的内心往往更加敏感与脆弱，他们感受痛苦的时间和深度也要远超于常人。

计较是一个人个性因素或自我意识太强而引发的一种表现。当一个人总是以自我为中心，十分在意自己的感受时，为了维护自身的利益，他就会出现斤斤计较的行为。

李亚男经常抱怨老板安排自己做本职工作之外的事情，比如给公司的花草浇水、为老板处理各类工作上的杂事等。当然，这些事情确实不属于她的工作范围，但几乎不会占用她太多的时间和精力，只不过她的反应太过于强烈。

这是因为她太过计较分内工作与分外工作。只要让她做一点与本职工作无关的事情，她就变得怨气冲天。我们不能说这是小气，只能将它看作一种过于泾渭分明的表现。虽然，她能够将本职工作做得很好，但这种计较的行为很难让她收获周围人的信任和好感。

无论是抱怨，还是计较，我们都只能将其作为一种暂时缓解内心情绪的方式，而不能将它们作为表达或反抗的手段。如果我们将抱怨作为一种表达方式，结果往往会适得其反。

父母抱怨子女工作太拼命，其实只是想表达对子女的挂念；妻子抱怨丈夫不顾家，只是单纯希望他能够多陪伴自己……然而，大部分人很难理解抱怨背后的情感，就很容易将其理解为指责或批评，从而引发家庭矛盾。

所以，面对抱怨和斤斤计较，我们要保持一颗平常心，不被生活中的琐事侵扰，学会自我劝慰、自我调节，使自己冷静下来。我们要知道，外界因素只是引发负面情绪的外因，而内心的脆弱才是真正的根源，只有改善自己，强大自己，才能更好地处理内心的负面情绪。

第二章　包裹脆弱的坚强外衣

# 1

## 被迫坚强：笑着难过的人

成年人的世界，习惯用笑容来表达一切情绪，笑着开心、笑着难过、笑着生气……微笑成了他们在面对艰难生活时的一个面具。但每一个强颜欢笑的灵魂背后，都有无法言说的委屈和心酸，或迫于生计，或迫于体面，只不过为了生活，他们不得不坚强。

1999 年的春节联欢晚会，在大多数人眼中与往年并没有十分不同。倪萍在主持时依然端庄、大方，满脸喜悦。但实际上，在"春晚"录制的两个月前，她被告知儿子患有先天性白内障，如果不及时治疗，可能会导致失明甚至危及生命。

倪萍后来回忆说："当时刘铁明导演找我去主持春晚的时候，说得我的眼泪稀里哗啦的，我和导演说我真的不能保证，在台上能笑出来。"

但当她站在聚光灯下那一刻时，为了不辜负万众瞩目的期待，她不得不将悲伤藏在心里，将笑容展示给观众们。

其实更多的时候，一个人的笑容背后是不为人知的酸楚，坚强的外衣下藏着脆弱的心灵。只不过，大多数人早已将悲伤情感的表达设置成了静音模式。一个在回家之前缓解心情，掏出镜子练习微笑的男人；一个为孩子忙得焦头烂额，还要安慰丈夫的女人，他们每天都是一种若无其事的样子。因为他们知道，自己的心情会影响到家人的心情，宁愿一个人微笑着负重前行。正如一首歌中所唱："你不是真正的快乐，你的笑只是你穿的保护色。"

这种强颜欢笑的现象在心理学上被归类为"防御"，指的是当我们在面临内心的冲突和痛苦时，会以某种方式为自己寻找一件"保护衣"，以减轻内心的不安。而长期的强颜欢笑很可能引发抑郁症。

在我们的认知里，抑郁症患者是应该悲观、自闭，对任何事物都缺乏热情的人。但有一种抑郁类型的患者会给人一种积极阳光、乐观向上的感觉，而这种抑郁症患者被称为"微笑抑郁症"患者。

相关数据显示，有一定成就或事业基础的人是"微笑抑郁症"的高发人群。由于工作、礼节等方面的需要，他们大多数时间一直处于微笑的状态，但这种"微笑"并不是来源于内心深处的感受，而是出于应对人际交往、工作生活等被迫展示的笑容。这种迫于压力或尊严之下的强制微笑，并不能消除来自工作或生活等方面的压力、烦恼，只会让他们将内心的痛苦、压抑不断堆积。

与典型的抑郁症不同，微笑抑郁症不会让人感到患者们的社交障碍，从而不容易被发觉。社会所需的标准式微笑是他们的保护伞，他们为了事业、家庭，用微笑来掩盖自己的任何情绪，被迫坚强起来。即使内心再难过、再痛苦，也不

会轻易表现出来，营造出我很好的假象是他们最常用的手段。但不为人知的是，当他们独处时，摘下微笑的面具后，他们便会沉浸在不断积压的负面情绪中，很有可能将自己引入一种极端。

英国的一位16岁少女麦茜以自杀的方式结束了自己的生命。在所有人的眼中，她是一个性格开朗的姑娘，在别人面前总是展露出自己最可爱的样子。

不久之前，她还和家人们讨论了去希腊旅游的计划。她的母亲说："我们讨论得很开心，还一起去为麦茜买了墨镜，她非常喜欢。"

就在她准备结束自己生命的那一天，她还和往常一样，吃完早餐，目送母亲去上班，对母亲大喊了一句"再见"。

对强颜欢笑的人而言，微笑是面对他人的伪装，也是瞄准自己的武器。我们也许有过这样的经历，当我们非常难过时，强行对别人挤出微笑，会使我们的内心越发压抑和痛苦。在痛苦的心情表面蒙上了一层微笑的面纱，内心的痛苦只能在深深的笼罩下，不断堆积，无处排解。任何的外界刺激都可能成为压倒脆弱心灵的最后一根稻草。

对大多数人而言，当我们存在某种需求时，和别人沟通能够使需求得到满足或排解；但我们出现负面情绪时，如果直接表达愤怒和不满，能够在一定程度上消解这些负面情绪。

《逃避虽然可耻但有用》中有这样一句话："如果承受不

了，躲一下没什么大不了。虽然社会很残酷，但谁也没要求你要一直坚强。"所以，如果你不是真正的快乐，也请你卸下你微笑的保护色。

# 2
## 假性独立：一个人硬扛

如今，独立是被众人称赞的品质。每个人都在尽力展示"所有问题自己扛"的独立性格，羞于求助，耻于依靠。只有在夜深人静时，才肯孤独地体会自己内心的脆弱。说到底，并不是别人不够可靠，而是你潜意识中的"假性独立"在作祟。

卢茜是一家外企的高管，收入非常丰厚，社会身份也很体面。最近，她的感情生活出现了危机。她发现自己的先生在某些事情上对自己说了谎，而她最不能容忍别人对她说谎。她感到十分气愤和难过，虽然离开她的先生会使她难过很长一段时间，但她还是毅然决然地选择了离婚。

在和朋友沟通时，她表示自己其实不想和先生离婚，却在行动上做出了一种想要离婚的姿态。她能够接受一段痛苦的时光，却不愿承认自己需要他，害怕他离开自己。

在现实生活中，有很多像她一样的人。他们将自己包装得很强大，认为接受他人的照顾是一件羞耻的事情，觉得自己对自身的情感、欲望，甚至整个世界都有着全能的控制力。对这些人而言，承认自己需要被照顾是一件极其困难的事情。

如果对这些人进行心理诊断，他们一定会在自己的诊断书上见到"假性独立"这个名词。

"假性独立"指的是为了避免自己对需求他人帮助而产生的羞耻感，而选择习惯性拒绝他人的任何帮助。简单来说，就是"不懂得依赖，只懂得硬扛"。这种"假性独立"表现在习惯性拒绝他人的帮助，但内心十分渴望能够依赖别人。

"假性独立"看起来与真正的独立没有什么区别，实际上它在精神层面上脆弱得不堪一击。就比如电视剧《欢乐颂》中从小被父母遗弃的安迪，她是企业高管，工作能力一流，收入不菲，可面对谭宗明那么多年的追求，依然不敢接受，本能地抗拒任何靠近她的人。

一个人为什么会出现"假性独立"的情况呢？这就要追溯到一个人的婴幼儿时期，孩子对父母进行呼唤却没有得到回应，长此以往，孩子在经历等待、失望之后，便会认为对方不值得依靠。心理学表明，人都是趋利避害的，一旦我们产生对方不可靠的念头就会为自己构建一个自我保护的空间，并警示自己，除了自己，没有人值得我们依靠。而这一空间的构建会影响到成年之后的关系模式，在与人相处的过程中，我们的潜意识会担心，如果选择依靠别人，可能会重复曾经被父母漠视的情景。为了避免这种情况的发生，我们就会无意识地拒绝别人的帮助。

一旦"假性独立"形成，我们自然而然就会隔绝很多亲密关系的建立，令对方产生距离感。亲密关系的建立是以个体相互独立为基础，而假性独立者就像是一个没有灵魂的恋人，他们在面对问题时，经常会选择克制，不允许自己情绪崩溃或求助他人，大大地减少了双方互动的可能性。

在《我的前半生》中，唐晶所做出的种种选择，不单单是因为事业而耽误感情或婚姻，在她与贺涵纠缠的十年里，无论贺涵如何表现自己的忠诚，买房子也好，求婚也罢，唐晶都无法勇敢地接受。在唐晶的内心，她十分珍惜这份感情，却因为假性独立的存在，对越是美丽的东西越保持距离，在这十年里，她爱并恐惧着，害怕失去贺涵，以至于她不敢完全信任，不敢完全依赖。所以，她与贺涵最终没有走到一起。

那我们该如何告别"假性独立"，使自己真正独立起来？

我们在深信依靠自己的力量能够收获美好人生的同时，也要懂得在努力的路上，适当寻求他人的帮助，能够帮助我们更快达到终点。真正的独立是自信与灵活相辅相成，自信于目标的达成，灵活于达成的过程。

比如我们可以尝试着请求别人帮自己完成一件小事，从行为上的变化带动情绪和认知的转变。这件小事可以是帮你拿快递、递给你一样东西等。

电影《至暗时刻》讲述了英国首相丘吉尔在指挥敦刻尔克大撤退时，做出的一系列决策。面对英国的"至暗时刻"，丘吉尔选择向美国等国家求助，抵御德国的袭击，最后动员了英国所有的船只解救了英国的士兵。如果他没有向其他国家求助，那世界的历史将会改写。

同样对一个人而言，当你遭受"至暗时刻"时，不妨直面自己的内心，你是否此时内心十分脆弱，是否渴望有一个人依靠。寻求他人的帮助，并不是一件丢人的事情：生命之间本就是相互交错的，人与人之间的相互帮助才是人生最美好的样子。

# 3
## 总是抢着自嘲，无非是害怕被伤害

在人际交往的过程中，绝大多数人都乐意展示自己的优势，希望得到众人的认可与赞美。但是，也有一种人，他们总是以一种幽默的方式来分享自己劣势的一面。而这种情况就被称为"自嘲"。

美国著名演说家罗伯特在晚年的时候几乎掉光了头发，成了一个秃头。可是，他从来没有过多掩饰这一缺点，反而多次在公共场合嘲笑自己的秃头。

在他举办 60 岁生日聚会时，很多朋友赶来为他庆祝。他的夫人悄悄地劝他戴上一顶帽子，罗伯特非但没有这么做，反而故意大声对来宾说："我的夫人今天劝我戴上一顶帽子，可是你们不知道秃头的好处有多大，比如可以第一个知道天在下雨。"这一句自嘲的话，让众人见识到了罗伯特的豁达，场上的气氛也变得热烈起来。

自嘲是一种避免或化解尴尬的幽默方式，而从心理学角度来看，自嘲更像是一种自我防御机制。当一个人由于自身或外界的威胁和压力，从而产生强烈的焦虑感时，自我防御机制会以某种夸大或歪曲事实的方式来保护自己，以缓解或消除内心的不安与焦虑。就比如秃头的罗伯特，秃头本来不是一件光彩的事情，当他处于公共场合时，内心一定会担心被别人提起或者嘲讽自己秃头的缺憾，以至于一直感到不安。如果他率先以一种幽默的自嘲将自己的秃头公之于众，就使他人无法再拿他的秃头做文章，从而避免了被伤害的情况。

心理学家安娜·弗洛伊德曾在《自我和防御机制》一书中对防御机制的存在做出了说明："每一个人，无论是正常人还是精神病人，他的行为和语言都在一定程度上使用防御机制中的一个或几个特征性的成分。"如此看来，每一个人或多或少都会触发这种自我防御机制，适度地使用能够缓解压力和焦虑，而长期使用会导致个体有意识甚至无意识地启动这种防御机制，从而使自己一直处于负面情绪中。

就像某著名主持人曾经爆料，自己从来不觉得自己好看，甚至有段时间一直对着镜子鼓励自己说："你真美，你真性感。"这种与"自黑"如出一辙的自嘲看似十分宽容，无所谓，实际上他们心中比任何人都在乎和纠结。

何丽在国外做实习教师时，遇到了一位朋友。何丽在实习期间感到十分焦虑，因为除了实习，她还要面对正常上课、

期末考试、毕业找工作、办回国手续等难题。虽然她的朋友
也面临同样的困难，却经常嘲笑自己的笨手笨脚。

何丽觉得她不仅开朗，而且有很强的抗压能力。直到有
一天，她发现这个朋友躲在厕所里号啕大哭，对着电话发泄
说："我真的受不了了，我好想回国……"等何丽再次见到她
时，她又恢复了之前的乐观形象。

总是抢着自嘲，是一种病态的防御机制，也是一种心灵
脆弱的表现。泰戈尔曾在《我想对你说出我要说的最深的话
语》中写道："我想对你说出我要说的最深的话语，我不敢，
我怕你哂笑。因此我嘲笑自己，把我的秘密在玩笑中打碎。"
因为害怕被嘲笑，害怕被伤害，所以，与其被别人伤害，不
如自己嘲笑自己。

其实，自嘲本是一种制造愉悦和摆脱困境的能力，我们
不应该让它成为一种规避伤害的掩饰。从平常的角度看起来
的一件充满缺憾的事情，以一种戏谑的方式说出来，会带来
十足的喜感，但想要完成这一转换，我们必须有一颗自信的
心。只有提高自信、强大内心，才能经受住别人的嘲讽以及
内心的自我打击。

有这样一句名言："笑的金科玉律是，不论你笑别人怎样，
先笑你自己。"适当地使用"自嘲"，不仅可以使我们受伤的
心灵得到安慰，也会让别人对我们刮目相看，受到他人的尊
重。同时，自嘲也是自我激励和自我鞭策的方式，直面自己

的缺点，通过自嘲的方式形成对自己客观的自我评价和判断，自己嘲讽自己，既来得温和，又容易为自己所接受。

强大内心，学会用自嘲建立一个平稳和健康的心理，以一种平和、恬静的心态去品味、感悟人生中的苦辣酸甜。

# 4
## "因为偏见，我不得不把抑郁藏起来"

在这个快节奏的时代，人心浮躁，焦虑无处不在。读书时会为了大学理想焦虑；参加工作后会为了前途和薪资焦虑；单身时会为了寻找另一半焦虑……最终，你只得相信生活就是一座难以翻过的山，任由来自四面八方的焦虑笼罩心头。

人为什么会感到焦虑？从心理学角度来讲，焦虑是一个人在意自己的表现和他人看法的心理产物。当一个人遭到不利的评价时，为了掩饰内心的不安，他会隐藏自身的焦虑情绪，在长期的积压下，心灵变得格外脆弱，而自始至终，他都不会回头看一眼自己早已泥泞不堪的内心。

陈晓就读于名牌大学，对自己的未来有着很高的期望，在毕业之后，进入一家外企工作。他原本以为凭借自己的能力可以迅速升职为公司的管理层，但事实上，在两年多的时间里，他始终都做着最基础的工作。

在日常工作中，原本安排好的计划被各种临时插进来的

事情打乱的情况时有发生。他当天的工作无法完成，只能加班到深夜，而老板似乎看不到他的付出。看着新来的同事一个个升职加薪，他开始怀疑自己的工作能力，怀疑自己的处世方式，甚至每天都会阅读一些心灵鸡汤来鼓励自己。

他内心的焦虑不断积压，使他更加在意当下所面临的困境，于是，他的工作状态越来越差，每天想要辞职的念头挥之不去。

焦虑情绪是对人的一种警示，提醒人们做好解决问题的准备，或者及时、有效地规避可能存在的风险。一个乐观向上的人会正视自己的焦虑和脆弱。但对大多数人而言，他们由于担心暴露自身的脆弱而不得不隐藏真实的情绪，以求适应当下的环境，融入周围的人群。殊不知，你越压抑内心的焦虑，反而越会使你更加焦虑，最终导致对自己的怀疑。正如卢梭在《社会契约论》中所说："人生而自由，但无往不在枷锁之中。"事实上，为自己套上枷锁的人，往往就是自己。所以说，一味地逃避会使内心越发受到限制。

每个人的内心都有脆弱的一面，如果你全面否定脆弱的存在，无视内心的焦虑，将自己封闭起来，久而久之，你会在不断积压的焦虑中陷入痛苦的深渊，任凭失望侵入心灵，从而放弃一切希望，拒绝任何改变。

不敢直视脆弱与焦虑，会使我们失去排解这种情绪的渠道，无法从正常的焦虑情绪中汲取力量。正视自己的焦虑与脆弱，让情绪和思想真实地反映内心的看法，才不会在忙碌的生活中迷失自己。

那我们该如何正视内心的脆弱与焦虑呢？

举个例子：人生的转折期是焦虑情绪的高发时段。进入一个新的环境，开始一段新的生活，如果无法尽快从原有的生活抽离，更换内在的自我评价系统，就会使焦虑不断滋生。

比如一个品学兼优、能力出众的学生，从高中志得意满地进入大学之后，却发现自己失去了老师和同学的"宠爱"，因为大家都很优秀，于是他的内心出现了焦虑的情绪。如果他无法直面内心的焦虑，强行在生活中刷自己的存在感，最终会使自己走入焦虑的迷宫，无论向左还是向右，焦虑无处不在。

那么此时，他就必须认识到自己踏入了一个新的人生阶段，焦虑的存在是合理的。在一个周围的人都很优秀的环境中重新开始，再次成为出类拔萃的人，才是现在要走的路。

再比如：在恋爱期间被男朋友百般呵护和照顾的女孩，感觉自己变成了一个公主。但结婚之后，却发现他就像变了一个人似的，不再像之前一样悉心呵护和照顾自己，反而更多地需要自己去照顾他的情感和衣食起居，他变得好像不爱自己了。特别是生完孩子之后，她感觉自己从一个公主变成了一个女佣。她为伴侣的转变感到焦虑，如果她不能正确看待自己的焦虑，在长期逃避的过程中，积压的负面情绪终有一天会爆发，而家庭矛盾就会露出獠牙。

所以，她必须意识到自己的焦虑来源于对生活的不适应，而并非情感出现问题。她需要做的就是从一个恋爱中的公主转变成一个家庭中的贤妻良母，从被照顾，慢慢学会并喜欢照顾别人。

从心理学角度讲，任何心理困扰都源自对现实生活的回避。如果你只是一味地掩饰自己的焦虑，而无法直面它，那你还是会持续地感到焦虑。

学会面对、解决或接纳、放下才是一个新的开始。正如尼采在《成为你自己》中所讲，生命的历程实际上是一段觉醒的旅程，旨在释放我们身上的某种东西，让它表达出来，展露于外，与我们的存在相一致。

# 5
## 你的逞强其实是自卑

在大多数人眼中，随意暴露自己内心的脆弱是一件极其危险的事情。于是，我们不愿在人前落泪，担心输了风度；不愿当众认输，害怕折损颜面。不知从什么时候开始，每个人都在不断加强自己内心的防御，习惯用逞强来掩饰内心的脆弱，在不经意间，为自己的世界筑起了一道围墙。

张晨刚参加工作的时候，承担了很多的工作。除了自己的本职工作外，她还承担了很多人不喜欢干的活，如打扫办公室的卫生。一开始单位的卫生清理工作是由一位老员工负责的，她向领导提出了申请，想要让别人替换自己。为了博得领导的好感，张晨主动请缨，独自揽下了这一工作。

因为工作的需要，办公室需要每个月整理一下档案，没有人愿意增加自己的工作负担。于是，这项工作又落在了张晨的头上。她觉得一个月就牺牲这一两天，没什么大不了的。但她身上的工作越来越多，每天晚上 8 点回家，每天早上 7 点到公司，连基本的双休日也被占用了。如果遇上月初和月末的工作总结和整理，她每天几乎只能睡上两三个小时。

她很想放弃，想和领导说不，可是她开不了口，生病了也强撑着工作，最后她终于病倒了。

有的人为什么总是喜欢表现强大的一面？从心理层面分析，他们担心向他人展示出脆弱的一面，不但不会得到理解和宽容，反而会遭到对方的轻视与嘲讽；担心自己一旦退缩，就会失去当下拥有的地位和工作，被他人顶替。

个体心理学家阿德勒曾表示："逞强是自卑感的另一种表现。"实际上，每个人都具有不同程度的自卑感，因为我们追求优秀，追求更好的生活，人的一生都是在努力克服自卑感，获得优越感。但是，有些人踏上了一条错误的路。他们极力展示自己优越的行为，恰恰是自卑情结衍生出的产物，而大多数的逞强是为了弥补和掩饰内心的自卑与脆弱。

越是逞强的人，越会出现以下几种情况。

## 1. 一个人的时候，会爆发莫名的情绪

在人际交往过程中，无论内心遭受怎样的痛苦与折磨，承受再大的心理压力，他们表面看起来永远是一副成竹在胸、风轻云淡的样子。只有在一个人的时候，他们才会直面内心的压力，释放心中的负面情绪，瞬间泪如雨下。

他们的好胜心极强，不愿在他人面前暴露自己的软弱，强行将负面情绪积压在心底。但事实上，他们的心理承受能力极差，也不具备化解这些负面情绪的能力，所以，最终会导致独处时内心情感的爆发。

## 2. 看似处世八面玲珑，实则亲密感缺失

现实生活中有这样一种人，你能够发现他们与身边的人相处得非常好，人际关系也颇为不错，但如果你深入了解之后会发现，他们往往不存在真正的挚友和爱人。事实上，他们自身的条件并不差，只是在潜意识中拒绝了这种亲密关系的建立。这种情况，在心理学上被称为"亲密感缺失"。造成"亲密感缺失"的原因就是在曾经的某段亲密关系中被伤害，留下了较为严重的心理阴影。为了防止再次受到伤害，他们本能地拒绝了任何形式的亲密关系。而这种被伤害后形成的敏感性格，会使他们更擅长处理人际关系，通过交际中的游刃有余，来隐藏内心对亲密关系的恐惧。

### 3. 用忙碌掩饰内心的空虚

有些人会为自己设计一个十分紧凑的日程表，积极地参加各种社交活动，让生活变得十分充实。在外人眼中，这些人每天都忙忙碌碌，而实际上，他们并不能从忙碌的生活中汲取快乐，一旦安静下来，就会感到空虚和寂寞。

他们的内心恐惧未来的不确定性，想要提升自己，却受限于现实或者性格。这种源自不确定的恐惧感，会迫使他们将很多没有意义的事情填充进自己的时间，达到掩饰和伪装的目的，从而缓解内心的焦虑情绪。

而这种心理问题的解决方式，是要接纳自己的脆弱与不足，消除自己恐惧的根源，停止与自卑情结和脆弱心理的对抗，学会合理地释放自己的情绪。

不敢承认自己的"力所不逮"，试图伪装和掩饰，本身就是一种脆弱。我们要知道，我们不能弱小到像温室中的花朵，经不起风雨，也不会强大到不惧任何风浪。真正的内心强大，不是一味逞强好胜，而是懂得适当示弱。

所以，如果外面的雨太大，而自己的伞又太小，就去他人的屋檐下避一避雨。强撑着冒雨前行，很可能会被淋成落汤鸡。

# 6
## 不敢求助，仅仅是因为害怕被拒绝吗

你有没有遇见过这样一类人，无论自己遭遇了什么样的困难，他们大多数都会选择默默承受，即使走投无路之际也是闭口不言？如果你问他们，为什么在遇到困难的时候不找别人帮忙？他们一定会回答说："不想麻烦别人，自己解决就行。"对他们来说，向别人求助好像是一件比登天还要难的事情。

电影《芳华》中的主人公刘峰是一个乐善好施、受人尊敬的人，他帮战友从北京带回重重的包裹、赶回跑出猪圈的猪，他因帮助别人而感到真正的开心。但经历中年的挫折之后，他依然难以忘记自己青年时代悲情英雄的个性，以至于在人生最后的落魄阶段，只是默默地过着惨淡的人生。

为什么这些人愿意向别人伸出援手，却不愿向别人求助呢？是因为他们害怕被拒绝吗？答案是肯定的。

从心理学角度来讲，害怕被拒绝是因为心理上的被拒创伤或者拒绝敏感。当我们向一位朋友寻求帮助时，对方没有给予热情的回应，我们会产生"被拒绝"的感觉，然后形成一种倾向：下次再也不找人帮忙了。一旦我们再次面临向他人求助的情况，在潜意识中会对"被拒绝"产生恐惧感，从而拒绝向他人求助，这就是被拒创伤。拒绝敏感指的是当一个人存在被拒创伤之后，对信息异常敏感。他会将对方毫无意识的动作和表情都看成是在拒绝自己。

那么，当一个人不曾拥有被拒创伤时，为何仍不愿向人求助？其根源在于内心的脆弱。

有些人顾忌自己的面子而不愿求助，因为他们的内心充满着自卑。人格心理学研究表明，自卑的人拥有极高的自尊心理。一般来说，这类人的性格会十分随和，无论你提出什么样的意见，他们几乎会直接表示赞同，而实质上他们只是在寻求大家的认同。因为过于在意他人的看法，他们很容易拿别人对自己的评价来看待自己。

比如当你说出他们的某种缺点时，他们会感到非常不开心，不停追问你或向别人去求证，甚至当场反驳、攻击你。你的否定在一定程度上也让他否定了自己。再比如他喜欢上了一个女孩子，却担心表白失败而丧失自尊，甚至会担心表白被拒后，周围人对他的轻视和外界的流言蜚语。这两者都是内心不够强大的表现。

那我们该如何克服不愿求助的脆弱心理呢？

首先，我们需要意识到害怕被拒绝是被拒创伤或拒绝敏感的心理造成的，从而大胆地去克服这种心理；其次，提高对方的心理阈值，降低对方拒绝你的可能性。比如一个孩子

想要一盒 12 色的蜡笔，但是妈妈不允许他有超出零花钱之外的支出。于是，他对妈妈说，自己很喜欢画画，希望妈妈给他买一盒 48 色的蜡笔。妈妈立刻以超出支出的理由拒绝了他。但是，他又说："我确实喜欢画画，那我不要那盒 48 色的了，可以给我买一盒 12 色的水彩笔吗？"妈妈犹豫了一下，答应了他的请求。

而关于自卑，心理学家阿德勒曾在《自卑与超越》一书中指出："自卑并不是天生的性格特征，它是在后来的成长中慢慢积累起来的一种压力、恐惧，而超越自卑的方式就是让他们直面现实，在挫折与打击中找到努力的勇气。"

简而言之，就是告别自身的思维懒惰。自卑之所以是长期积累的产物，是因为你的内心一直关注自己不够好的地方，而完全忽视自己做得好的地方。无论你取得什么样的成就，你都会以这种惯性的思维，使用不合理的标准去评价自己，永远见不到自己的闪光点。

当你取得一定成绩之后，一定要将自己新发现的优点总结出来，纳入自我的评价系统。摆脱这种思维的惯性是走向成熟和自信的第一步。大胆地表达自己，即使被拒绝了也没有关系，至少尝试了就有被答应的机会。

况且，当我们遇到某些事情时，我们可能认为这件事难如登天，但也许在别人看来只是一件举手之劳的小事。所以，我们不必太多在意什么面子、自尊的问题，这仅仅只是个人的凭空担忧罢了。而且，正如罗振宇在节目中提到的："大多数人的亲密关系，其实都是互相麻烦出来的。"

所以，我们应该将"求助可能被拒绝"这件事当作一件平常的事情来看待，当你真正需要帮助或想要表达自己的时候，勇敢地迈出这一步，大声求助，不然你怎么会知道前方等待你的是接受还是拒绝呢？

# 7
## 报喜不报忧真的是成熟吗

知乎上有这样一个话题：你认为长大的标志是什么？其中得到最多点赞的回答是："小时候总骗父母没钱，而长大后总骗父母有钱。"一个人在成年之后，需要面临和解决的问题越来越多，但即使心中有再多的委屈和无力，与父母打电话时依旧是风轻云淡、故作轻松。

将近凌晨的地铁上，站着几个疲惫不堪的年轻人。其中一个男孩一边嚼着面包，一边和父母通着电话："晚上在加班，北京的下班时间都是这样。工作不累，就是时间长一点，我正和同事们在外面聚餐呢。"地铁到站，一大波人挤进了地铁，男孩急忙说："就这样吧，我挺好的，你们也照顾好自己。"挂断电话之后，他长长地舒了一口气。

这个场景是大多数年轻人生活的常态，一句"我挺好的"，

大概是所有人长大后都会说的一句谎话。但是，这种报喜不报忧，真的是成熟吗？

从表面上来看，我们用"报喜不报忧"来保护父母，不想因自己的困境增加他们的焦虑和担忧，为他们原本就不易的生活增添负担。而从心理学的角度来看，这种决策的产生受到了自我防御机制的影响，我们担心对方无法接受"忧"所带来的问题和结果，如果我们将自己不好或者比较弱的一面展示出来，对方可能会批判，甚至羞辱，不会因为你的示弱而共情你的感受，只是一味从他们的角度来评判你。就像我们将自己的痛苦向父母倾诉，希望得到他们的理解和支持，但父母的指责和无力会让我们感到无助和内疚。我们不愿再面对曾经体验过的失望。于是，为了避免自己再次受到伤害，我们选择了对坏消息沉默，用好消息获得父母的欣慰与肯定。

如此看来，报喜不报忧不属于成熟，而是以趋利避害为目的，夹杂着无奈与苦涩的生存策略。

报喜不报忧之所以会被认定是成熟，无法与脆弱的心理产生联系，是因为在决策中的证实偏差。证实偏差是一种心理效应，指的是当人们确立了某一个观点时，会在收集和分析信息的过程中，具有刻意寻找支持这一观点的证据的倾向。简单来说，就是当人们在做出"报喜不报忧"的决策时，以自我认知和周围人群的相同行为作为证据，忽略因脆弱心理而导致趋利避害，从而将其看作一种有担当的表现。

对个人而言，我们总是报喜不报忧的话，长此以往，肩上的压力越来越重，而且很可能变得孤立无援，感受不到身边的温暖。因为，每个人都认为你过得很好。我们会越来越不懂得如何表达真实的自己，只能压抑自己的委屈，就越显得特别孤单。这会对心理，甚至身体造成极大的伤害，从而影响正常的生活。

报喜不报忧的出发点是好的，但会在一定程度上抹杀彼此之间的亲密关系。当你选择向一个人倾诉自己的苦痛时，就意味着对方值得你去信任，你不必担心因暴露自己的脆弱而受到伤害，而对方也能完完全全感受到你的信任。人生中的苦痛与无助不可避免，如果你一味地向对方展示优秀的一面，就会令对方产生不受信任的感觉，从而淡化彼此之间的关系。

事实上，每个人都希望被关注、被包容。当我们有能力去主动选择时，我们可以尝试着向他人表达完整的自己，哪怕是自己背后的伤。与我们最早建立亲密关系的父母更是如此。而且健康的亲密关系，才不需要"报喜不报忧"，而是愿意相信对方愿意且能够理解自己的情绪。

龙应台在《目送》中写道："所谓父母子女一场，只不过意味着，你和他的缘分就是今生今世不断地目送他的背影渐行渐远。你站立在小路的这一端，看着他逐渐消失在小路转弯的地方，而且，他在用背影默默地告诉你：不必追。"

我们与父母相处的时间十分有限，我们更应该以一种坚强且温暖的方式守护对方，而不是以爱为名义营造一种假象，使彼此之间的关系越来越远。小时候，父母是我们心中的盖世英雄；长大后，也许他们不再那么无所不能，但我们仍然可以与他们坦露生活或工作上的不如意，让他们在力所能及的范围内指导和帮助我们。

家是一个人一辈子的避风港，快乐的事情一起分享，痛苦的事情一起分担。如果说和父母说出善意的谎言是成长，那学会真正地理解与包容才是真正的成熟。

我们要学会报"喜"也报"忧"，掌握沟通的平衡，使彼此之间的关系更加亲密与牢固。这样的相处，才会更有温度。

第三章　脆弱的根源：心灵创伤

# 1
## 没有安全感的背后是被抛弃的创伤

　　安全感是情感问题中出现最多的话题。绝大多数女性都存在偷偷翻看伴侣手机的冲动，而且当对方没有秒回自己的信息时，她们就会感到焦虑，继而产生很多不好的联想。这就是缺乏安全感的表现。

　　在心理学家马斯洛提出的需要层次理论中，人的需求从高到低分为五种，分别是：生理需求、安全需求、社交需求、尊重需求和自我实现需求。当基本的需求得不到满足时，人就很容易没有安全感。事实上，不仅女性会缺乏安全感，男性也会如此。

　　《奇葩说》的辩手姜思达，在外人眼中，他才华横溢、特立独行，能够让马东为他定制节目。但他的人生并不快乐，他很难去相信一个人，哪怕对方是他最亲近的人。即使在一段亲密关系中，他也无法让自己放松下来，依赖对方。

　　在他的印象中，他找不到关于家庭温暖的记忆：父母无休止地争吵，自己莫名其妙地被打骂……别人家总是热热闹闹，而自己家永远是冷冷清清。

　　他说："你必须小心翼翼地琢磨，现在大人是高兴了，还是不高兴了，你是该回避还是要劝和。除了懂事，我别无选择。"关于父亲，他说："(父亲的)情绪很容易激动，那个激动是突然的，我不知道他下一秒会做出什么事。"

这种童年经历让他一度感觉自己是一个被抛弃的孩子，给他留下了不可磨灭的创伤。

美国的一位心理学家说："我们对一点点身体的伤口都会大惊小怪，却对心理伤口毫无概念。"现实生活中，大多数人能够察觉自己缺乏安全感，但无法意识到残留在内心的创伤。从心理学角度来看，没有安全感是由恐惧所面临的事情不会向着自己的理想和预期进行所造成的。其根源来自童年时期被"抛弃"的经历。

心理学家指出，每个人最初的安全感，来源于与母亲的关系。刚出生的婴儿会认为自己与母亲是一体的，而随着慢慢长大，他会逐渐意识到自己与母亲是两个独立的个体。但在他能够完全照顾好自己之前，对母亲的依赖会一直存在。如果母亲因某些原因与孩子的关系疏离甚至分离，孩子就会产生被抛弃的创伤。以至于孩子在成年之后，建立某种亲密关系时，也会下意识重复这种被抛弃的可能。而事实上，这种被抛弃的情况很多时候并没有发生，也不会真的发生，只是存在于潜意识中的一种想象，却真的形成了一种困扰的情绪，影响正常亲密关系的建立。

在童年时期经历过"被抛弃"的创伤，从而缺乏安全感的人经常会出现以下几种情况。

## 1. 反复确认对方的存在

缺乏安全感的人，从他人的表现或行动上，总是会曲解出一个隐藏的含义，这使得他们脆弱的内心需要反复确认对方对自己的爱。这就意味着与他们沟通是一件极其困难的事，他们沉醉于对方的安慰与照顾，可一旦对方将精力投身于自己的事情，他们的内心就会产生不安与焦虑,担忧自己是不是被抛弃了。

## 2. 强大的控制欲

缺乏安全感会导致他们产生强大的控制欲，他们不能完全相信他人对自己的忠诚，从而在亲密关系建立之后，会对相处的细节进行无止境的探索，企图将对方掌控在手中。但这种不断的质疑会使对方陷入一个痛苦的处境，提高彼此之间亲密关系的破裂风险。

## 3. 变得极其依赖对方

他们缺乏责任感，因此，需要在伴侣的帮助下填补内心的空虚，极力向对方发出越来越多关于爱情、赞美和永远在一起的承诺。但这种情况会令人筋疲力尽。

没有安全感是因为我们太懂得保护自己脆弱的心，担心自己再次受伤，从而不敢将内心深处的伤痕暴露出来，任其发炎、溃烂。我们在脑海中不断重复被抛弃的场景，只会一遍又一遍地加深痛苦。

所以，直面创伤才是治愈它的唯一途径。缺乏安全感会使我们在一定程度上忽视自己内心的力量。心理学家提出，真正的力量源于对自己的爱。家庭、婚姻只是我们人生中的一部分，我们歇斯底里地从他人身上寻求安慰，不过是为了借由他们找到最好的自己。

当我们懂得强大内心，关爱自己，愿意接受不确定性，并跟随时代的变化调整自己的步伐，自然就会跳出安全感缺乏的泥沼。

# 2
## "过度补偿心理"所带来的伤害

你有没有过"明明白天上班很累，下班后却不想早睡"的经历？对习惯性熬夜的人来说，这就像是一种仪式感：我们一定要拥有属于自己支配的时间。当我们需要花费大量的时间去处理工作、人际关系、情感生活时，留给自己支配的时间只有晚上的几小时，无论我们有多么疲惫，也要打几盘游戏、追几集喜欢的剧，才能安然睡去。

这种带有报复性质的熬夜行为，从心理学角度来看，是一种过度的补偿心理。个体心理学家阿德勒在《理解人性》中对补偿心理做出了解释：当人们因生理或心理问题感到受挫时，便会不自觉地用其他方式弥补这种遗憾，用以消除内心的焦虑和不安。

这种补偿心理建立在个体对自己、对他人正确认识的基础上。比如天生存在某种生理缺陷的人，他们的右手无法正

常书写与绘画，但他们经过努力之后，不仅能够使用左手进行书写与绘画，还要比正常人更加出色。

而过度的补偿心理是指：个人没有对自己形成正确的认识，无法正视自己的缺陷与脆弱，不能积极地去面对，以至于他不满足于等量的补偿，而是将补偿的部分进行夸大或强化，甚至出现病态。就像熬夜一样，我们为了补偿白天无法自由支配的时间，便通过熬夜到半夜两三点来弥补这一天的遗憾。

电影《一个购物狂的自白》中，女主角丽贝卡就是因为小时候对漂亮衣服的渴望无法得到满足，从而在长大后对购物充满了热情，以至于无法控制自己的购买欲望，最终导致自己债台高筑。

一个人产生过度补偿心理的根源在于幼年时的弱小、无助和自卑。由于周遭环境的限制，脆弱的个体会在自卑、无助带来的痛苦的折磨下，将生活的所有目标指向某一个渴望满足的目标。在追求补偿时，正常的生活方式已经不能令其满意，而在此情形下就会表现出某种夸张的补偿行为。

但是，"过度补偿"往往无法给人真实的安慰，反而会对身体和心理造成伤害。比如在过度熬夜之后，我们无法承受熬夜产生的各种后果，只能在第二天继续熬夜，进行过度补偿。长此以往，白天时精神不振以及皮肤老化、黑眼圈严重等问题会越来越严重，甚至造成慢性的睡眠紊乱。

另外，在情感生活中，很多人也会存在"过度补偿心理"。比如一对恋爱中的情侣，女生每次惹男生生气后，只要主动道歉就能够获得原谅。那么在两人分手时，女生就会习惯性用道歉等方式试图挽回对方，送关心，送礼物，想着将所有缺失的、亏欠的通通弥补回来。但实际上，这样的挽回是十分盲目的，你没有深入思考过彼此分开的真正原因，也无法洞察问题的严重性，只是一味地将分手的过错归结到自己身上，一门心思地补偿对方。

这种过度补偿的心理会将你变成一个感情的修缮者，为了挽回这段破碎的感情，竭力地去满足对方所有的要求，不断地退让与妥协，让本就自卑的心理低微到尘埃中，以至于在下一段感情中，依旧无法主动控制感情的走向，继续被感情伤害。事实上，爱情的产生源自两个人彼此间的互相吸引，双方是平等的，而并不是一方通过乞求或卑微换取对方的感情。

那我们该如何改变自己的过度补偿心理？

心理学家阿德勒曾指出："每当人们感受到自卑感时，他们就会自动地用补偿填补需求。"简单来说，过度补偿实际上是在抵消我们的自卑感。所以，我们要将注意力转移到自己的内心，直面当前陷入的困境。

对熬夜而言，我们应该意识到熬夜并不能改变时间无法自由支配的现状，而是该通过合理规划白天的工作和生活，为自己预留出喘息的空间，从而逐渐消除被控制感，减少夜晚补偿的动机；而对挽回而言，应直面自身的弱点，重新建立自身的吸引力。喜欢源自相互吸引，吸引力下降，喜欢的程度就会逐渐消退。人都具有一种向高价值的事物靠拢的倾

向，而一味地进行低价值付出的行为只能感动自己。

一个人内心的自卑与脆弱，是产生过度补偿心理的根源，想要真正地改变这一现状，就不能逃避内心，勇敢地面对才是唯一的内心强大之路。

# 3

## 讨好型人格的根源：从小被忽视

你身边有没有这样的人？他初入职场，面对很多新同事，为了更快地融入圈子，主动迎合对方，为同事端茶倒水、帮忙带饭、拿快递等，想尽一切办法维护好同事关系；他新交到一个女朋友，为了维持这段感情，各种讨好，不管女友提出什么样的要求，都尽量满足她……而这种与人相处的态度，就符合"讨好型人格"的行为模式。

心理学家哈丽雅特·布莱克在《讨好是一种病》中写道："关于讨好有一个很大的误解，很多人会觉得它是一种良性的心理状态，毕竟看起来，被当作好人总是不错的，但实际情况是，很多讨好者，已经不是简单地取悦他人，而是无法控制地讨好他人，下意识地牺牲自己，甚至对来自他人的赞赏和认可上瘾。"由此可见，"讨好型人格"是指一味地讨好别人而忽视自己感受的人格。而从心理学范畴来看，"讨好型人格"是由于内心缺乏安全感而产生的一种从众心理，因为害怕孤独，担心与周围的人群或环境格格不入，所以对一切事物都选择妥协。

蒋方舟在接受 Know Yourself 采访时说道：

"我总是小心翼翼，在和人交流时担心冷场，想要不断照顾别人的情绪，不会表现出任何伤害性和攻击性。"

"除了最近一年的时间，我从来都没有和人吵过架，我没有跟人发生冲突的能力。"

"我是那个圈子里年龄最小的，所有人都认为我是晚辈，都觉得可以来指点一下我。我也总会认为自己需要'谦卑'一些，于是也会拿出很谄媚的姿态来，放任大家的指点。"

"我从来不敢和人提出真实的意见，都是在一味地夸奖他们，像一个每天笑脸迎人的店小二。"

而这恰恰是"讨好型人格"所具有的特征。结合现实中的案例，我们可以总结出"讨好型人格"的人具有以下几种特征。

### 1. 不敢说出内心的真实想法

由于内心的敏感和脆弱，他们总是担心一旦自己说出真实的想法，会遭到他人的嘲笑，不被他人接纳，更担心遭受他人的攻击。于是，他们总是不愿表达内心的真实想法。

### 2. 主动道歉

他们在遭遇某种变故时，总是会担心与别人产生冲突，所以，他们希望用道歉尽快结束或避免冲突的发生。

### 3. 迎合他人

在社交过程中，他们总担心别人不高兴，却忽视自我的

情绪。所以，他们在生活中总是小心翼翼，将自己的地位降到最低。

## 4. 不懂得拒绝

他们十分在意他人对自己的评价，担心拒绝别人，会招致对方的厌恶。而不拒绝，是他们维持良好关系的方式。虽然能够减轻他们内心的愧疚与负罪感，但会在无形中承受更大的压力。

## 5. 没有原则和底线

他们希望和他人保持和谐的关系，以至于在交往过程中，有时会变得没有底线和原则。但这种处世方式反倒不会收获他人的尊重。

总的来说，"讨好型人格"就是过于在乎他人对自己的评价，为了避免冲突，进而隐藏自己的情绪。那么，这种人格究竟是如何形成的呢？

这就要追溯到一个人的童年时期。如果一个孩子经常被父母或周围的人忽视，甚至批评和指责，他就会因为缺乏安全感而迫使自己迎合对方，不惜牺牲自己、贬低压抑、委屈自己，努力去满足别人，以交换到别人对自己的关注和认可。长此以往，"讨好"逐渐内化成对自己错误的认知，导致无论什么事情，他们总是会先顾及他人的感受，一味地迎合别人。归根结底，"讨好型人格"源自内心的脆弱所产生的恐惧，恐惧他人的漠视带来的孤独。他们也具有自己的情绪，只不过在面对任何事情时，下意识选择讨好罢了。

"讨好型人格"的人往往会承受更大的压力，因为他们不清楚自己什么时候会令身边的人不开心，为了避免这种情况的发生，他们事事小心谨慎、如履薄冰，但这种方式会使自己的生活变得泥泞不堪。

电影《被嫌弃的松子的一生》中，女主人公松子因"讨好型人格"，一生满是悲惨。松子的妹妹从小体弱多病，于是，松子自然而然成了被父母忽视的对象。在松子的印象中，父亲唯一一次对自己笑，是她无意间扮了个鬼脸。于是，她一次次地扮小丑来博得父亲的关注。

松子长大之后，交往了几位男朋友，从街头混混到有妇之夫。即使她每次都投入所有的感情，他们却没有给过她真正的爱。她的感情就是不断倾情付出，不断重复受到伤害的过程。最终，松子在临终前留下了这样一句话："生而为人，我很抱歉。"

一味地讨好别人，自己低微到尘埃中，并不会换来所期待的他人的尊重、关注与喜爱。事实上，毫无底线地迎合与让步，只会令对方离你越来越远。

所以，我们不要过分放大他人对我们的评价，不必发一个朋友圈都太过在意别人的点赞与评论，小心翼翼地思量是否会触犯到对方，不要对他人的负面情绪怀有愧疚的心理。我们要勇敢地拒绝不符合自己原则或超过自己底线的行为。有了拒绝的勇气，才能更好地取悦自己。

# 4

## 遭遇校园霸凌后的脆弱和自卑

电影《少年的你》上映，再一次将校园霸凌这一话题推到了风口浪尖。在每个人的人生经历中，或多或少都存在校园霸凌的影子，而对被霸凌者而言，这将是一场挥之不去的噩梦。

乔西在上初中的时候，身边有一群关系不错的同学。在一次考试中，她拒绝了帮助其中一个女同学作弊，从而遭到了对方的报复。

上完体育课之后，她的书包被人翻乱了，里面的东西全都被倒在了地上，而被拒绝的女同学也开始和全班的人说她的坏话，导致班上的每一个人都用异样的眼光审视她。最过分的是，当她上厕所的时候，对方也会踢开她的门。很长一段时间，班上的人都不愿意和她说话。为了追求友谊，乔西开始将心思放在如何讨好其他人上，导致成绩一落千丈。

乔西长大之后，表面给人的印象很随和，其实内心很担心因为自己说错话而得罪别人，任何事情都小心翼翼，不敢表达自己真实的感受。而在人际交往方式方面，她一方面喜欢交朋友，另一方面不敢与人交心，害怕被对方伤害，整天沉浸在自卑与怯弱之中。

经调查显示，学生时期遭受过校园霸凌的人，在长大后更容易出现自卑、抑郁、无法信任别人等心理问题，同时也更容易在人际交往过程中存在社交困难等诸多问题。我们本以为被霸凌留下的阴影，会如同电影中陈念母亲所说："很多事情，长大了就会忘了。"但实际上，无论经过多长时间，心中的伤痕依旧会隐隐作痛。

校园霸凌大致分为三种：身体暴力，如殴打等侵害人身安全的行为；言语暴力，如辱骂、造谣等；冷漠排斥，如被大部分人孤立。现实中最常见，也是伤人最痛的就是第三种，手不沾血却足够将人推入深渊。

从心理学角度分析，当一个人被众人孤立时，他最初的情绪一定是愤怒，取而代之的会是无穷无尽的自卑与羞耻，仿佛有一个声音一直萦绕在耳边："我是一个很差劲的人，没有人喜欢我。"如果得不到及时的理解与疏导，这种自卑感会越发强烈，最终将被霸凌的原因归结到自己身上。

心理学家埃里克森认为，一个人的 12 岁至 20 岁之间是确立自我价值的最佳时期，而被霸凌的人往往会出现认知混乱的情况，一方面渴望着解脱，另一方面深陷黑暗中不愿挣扎。而这一时期的认知混乱会导致他们在成年后更加难以融入社会。

内心的自卑与脆弱不断发酵，使"孤立"走进恶性循环。如果选择妥协，被霸凌者会对外界充满恐惧与不信任，这就容易导致他们在进入一个新的群体时，不敢轻易去建立新的社交关系，与当前的环境格格不入，于是，他们又会被新的社交圈子孤立。而如果选择"以暴制暴"，被霸凌者在接触

新的圈子时，会以排斥他人的方式来保护自己，而这种强行的自我封闭，会令周围的人敬而远之，再次被孤立。

心理创伤的形成大部分来自情绪的积累。当人们遭受霸凌时，神经系统感受到外界的威胁便会聚集大量的能量进行自卫与反抗，在正常情况下，人体内的情绪是自然流动的，如果人们没有将产生的想法表达出来，那么本该自然流动的情绪就会受阻，一旦这些能量得不到及时的释放，得不到有效的疏解，就会困在身体里，给人们带来持续性的伤害，促使心理创伤的形成。

那我们在面对遭受霸凌后留下的创伤时，该如何消除内心的自卑与脆弱？

### 1. 主动向他人倾诉

绝大多数人在少年时期遭受霸凌后都选择了沉默，甚至多年之后，身边最亲近的人也不知道这些事。但事实上，这些惨痛的经历并不会随着沉默而被抹去。所以，主动向自己信任的家人或朋友倾诉，会有一种被理解、接纳的感觉，从而使得长期压抑的情绪得到释放。心理学研究表明，他人的理解与支持是缓解霸凌创伤的最佳方法。

### 2. 关注自己的感受

遭到他人孤立的人，对自己的感受有一种几乎麻木的漠视。这种情况的产生源自父母或老师的轻视。当你遭受孤立时，父母可能会说"好好学习，别想太多"；老师可能会说

"同学都没有恶意的，别乱猜"。久而久之，你就很难界定自己的判断是否正确，而只有羞耻与自责相伴左右，挥之不去，以至于为了获得他人的认可，而一味掩饰自己的情绪。

心理学家指出，一个人的所有情绪，无论孤独、悲伤，甚至愤怒，都没有对错之分。真切地感受自己的情绪，表达自己的感受，是消除内心负面情绪的第一步。

正视自己的经历，感受内心的情绪，学会从不同的角度解读人生，让改变发生在你的心理和身体上，终有一天，你会看到乌云后的阳光。

# 5
## 被性侵后一直活在阴影里

有一个女孩曾在网上求助：

在小学三四年级的时候，我曾被邻居家的大哥哥性侵，因此对男生产生了厌恶情绪。长大后偶尔谈一场恋爱，我也会随便找一个理由分手，觉得对方活该被伤害。身边的人都认为我太高冷，其实我的内心很自卑，总是觉得自己不配被爱。曾经被伤害的画面总是一次又一次地出现在梦中，一直无法走出过去的阴影，我是不是只有自杀才能得到解脱？

"性侵"一词总是伴随着肮脏与罪恶，也是对人影响最大的一种心理创伤。很多人在被性侵之后，再也无法唤醒内心的光明，甚至选择以自杀的方式终结生命的黑暗。

台湾作家林奕含因为 13 岁时被自己的老师诱奸，导致多年后仍不能走出阴影，最后选择在家中上吊自杀。

闻名世界的摇滚乐队林肯公园主唱查斯特·贝宁顿幼年被性侵，即使后来有了孩子和爱人，也依旧无法摆脱曾经的阴影，选择用自杀来结束一切。

49 岁的珍妮·海恩斯，从 4 岁一直到 16 岁，长达十余年的时间，她一直遭受着父亲的性侵和虐待。在这些日子里，她分裂出了 2500 种人格，来分散自己的痛苦，也因为这些不同人格，她一直在痛苦的边缘挣扎。

17 岁的荷兰女孩诺亚，被性侵 3 次后，她在日记中写道："我常常很害怕，常常都保持警戒，我的房子被破门而入，我的身体，永远无法被还原。""我重蹈那些恐惧，那些疼痛，日日如此……"最终，她选择了安乐死。她说："经过这么多年的战斗，我不堪重负，用尽了所有力气。""不要试图去说服我，不要告诉我这样的选择太傻了。虽然我一直在呼吸，可是我知道，我已经死去很久了……"

以上这些事件让人止不住地心痛，明明是强奸犯和性虐实施者做的恶，所有的后果却要让受害者来背负，倾其一生为代价。

女孩受到性侵犯，给她带来的伤害不仅是身体上的，还有来自心理上的伤害，而后者就是将她推进深渊的那一双手。

对一个女孩来说，公开承认自己被侵犯是需要勇气的一件事，于是，很多人都选择了沉默。从心理学角度分析，这种沉默恰恰助长了心理创伤的形成。当性侵发生时，女孩往往处于弱势或懵懂的状态，从而在内心产生极大的屈辱、愤怒和仇恨感。一旦当事人因某种顾忌或没有能力惩罚凶手，这些本该指向凶手的负面情绪便会指向自己。

在关于"性侵"的心理咨询中，大多数受害者会将责任归为自己。比如为什么要去那个地方；为什么听信某人的谎言等。从心理学角度来看，这种自我攻击才是令人陷入巨大痛苦的根源。而且，当被性侵的经历被公开，被侵害者往往会受到二次伤害，父母的过激表现（指责被害者穿着或行为）、媒体的关注（曝光被害者）、舆论的质疑（谣言或妄加猜测）、指责等负面反应会加深被侵害者内心的自责，从而增加她们的心理负担。

由于传统思想的存在，被性侵的女孩会认为自己受到了最肮脏的污染，自己的一生都被毁掉了，从而情绪变得低落，内心充满了自卑。她们会非常惧怕与他人接触，特别是身体接触。即便是无意间的身体触碰，也会让她们感到恐慌，从而导致人际交往上的障碍。另外，性侵犯会导致被害女孩对性的态度发生扭曲。就算结婚后，她们也很难与伴侣的亲热中产生感觉，无法全身心放松地投入夫妻生活中。更为可怕的是，她们有时会处于一种麻木的状态，以自残、自杀、放纵"性"等行为进行自我伤害。比如一位女性在遭受性侵害之后，干脆破罐破摔一夜情成瘾，很快染上了重病；将自残行为当作自我惩罚，缓解自责情绪；以终结生命为代价，

告别长期笼罩在内心的阴影。从心理学角度来看，这类行为，是在内心潜意识的自我毁灭的指令下进行的。

在大多数人的认知中，性侵一般是男性施行的暴行。而事实上，男性也会遭到性侵。与女性受害者一样，性侵对男性的伤害不仅停留在身体上，更体现在心理上。他们对过往的经历羞于启齿，避免招致更甚于女性受害者所遭受的奚落。

性侵造成的伤害，会令受害者强迫性嫌弃、排斥自己。那么我们该如何从性侵的沼泽中走出来，走上自我疗愈之道？

### 1. 懂得求助：从支持中获得力量

人生中最大的痛苦莫过于陷入绝境的无力感。当你处于绝望的时候，一定要学会向他人求助。报警没有什么耻辱的，寻求帮助也不会让你人格受辱。

### 2. 接纳自己：受害者永远是无罪的

你遭受了一件恶性事件，但这并不是你的错，你还是曾经的你，唯一改变的是你对自己的看法与态度。所以，你需要从改变自己的认知开始，学会接纳被伤害过的自己，并告诉自己：你只是一个无辜的受害者，你没有对不起任何人，你有资格好好活下去。

如果被侵犯的时候年龄尚小，请你告诉自己：当时你还是个孩子，没有成人的判断和自保能力。你的父母没有保护好你，他们的确失职了。

最重要的一点是，受过性侵后，如果要避免二次伤害，一定得训练自己一种理智上的本领——视他人的偏见如狗吠。如果是更为严重的创伤后遗症，就要及时进行专业的面对面系统治疗。

# 6
## 失去至亲，心理一度崩溃

古人云："人有悲欢离合，月有阴晴圆缺。"生命的开始与结束是一个正常的自然过程，任何人无法妄加干预。亲人的离去对任何人来说，都是一种遗憾与痛苦，更是内心无法抚平的创伤。

刘俊杰12岁就失去了自己的亲生父亲，之后几年时间，他都是和母亲一起生活，偶尔在脑海里还会回忆起曾经父亲带着自己出门玩雪的场景。刘俊杰最怕过节日，特别是春节，家里所有的亲戚都要聚在一起，表妹、堂哥、堂姐都有自己的爸爸，只有刘俊杰没有，这时候刘俊杰会非常失落。长大以后，刘俊杰更是直接不回家过年，常以加班为理由不回家。一次他高烧，昏睡在床上，大脑不清醒的他喊着"爸爸"。他的母亲把这一切都看在眼里，忍不住为他担忧。

亲人的离世大致分为两种情况，一种是初显离世的征兆，如长期患病等，家属已经做好了心理准备，更容易从痛苦中解脱出来；另一种是亲人的突然离世，如猝死、意外等，家人一时无法接受这种结果，导致心理创伤的形成。

脆弱心理学

　　从心理学角度分析，失去至亲的心理创伤源自无法接受对方去世的事实。当死亡的消息突然而至，人一般会处于麻木或震惊的状态，随之，痛苦、无助以及恐惧等情绪一次又一次地冲击着脑海，逐渐吞噬理智，导致沉浸在悲伤中的人无法接受已经发生的事实。

　　死者已逝，生者就更应该受到关照。亲人离世的打击固然很大，我们害怕分离，害怕生离死别，唯有坚强，才可以安慰自己。从一开始应激反应，产生惊吓、悲伤、眩晕，到长时间悲伤引起的坐立不安、精神恍惚、萎靡等状态。过度沉浸在悲伤中甚至会影响到家庭正常生活，这样下去确实不是办法，所以，我们需要自行治疗那些失去家人的痛。

　　许多人逃避现实来忘记亲人的离世，避免回忆过去。比如远离家庭聚会，不和家人过重要节日，突然和家人保持距离。这样的行为不止展现了一个人懦弱的一面，还伤害了其他家人的心。所以，在面临亲人离世的悲痛时，要先接受离别，看清现实。在保持大脑清醒的情况下才能逐渐适应现实生活。我们要告诉自己，亲人确实已经离开，就算心里还没有准备好，但是木已成舟。

　　王艺涵还在睡梦中，清晨4点10分，一阵急促的电话铃声响起来，王艺涵一接电话，里面就传来大姐的声音："艺涵，咱妈去世了。"大姐哽咽着嗓子，王艺涵瞬间就清醒了，赶紧驱车跑到大姐家。

　　王艺涵的母亲已经80多岁，十几年前患了脑血栓，一直是半瘫痪状态，于是二老搬到大姐家住，一瘫痪就是十几年，父亲和大姐一直精心照料着，本以为会慢慢变好，结果走得这么突然，等医生来的时候已经来不及抢救。

听了大姐的讲述，王艺涵已哭成泪人，嘴里念叨着："我连最后一眼都没看见，唉！我都来不及告别。"大姐看王艺涵哭得这么伤心，也跟着哭起来。"咱妈这辈子受了多少苦，抚养6个孩子，一辈子没有闲下来的时候。"

"这样也算是解脱，病了十几年，没一天是舒服的，"大姐含着泪说，"这样想的话，还是替咱妈开心。"

那么内心悲痛，就要依靠自己来治愈。在前期的几个月里，很多人会通过其他的事情转移注意力。如工作、学习、散心等。不要让亲人的回忆一直占据在我们的脑海里，不要让这种悲伤影响到自己的生活。

我们常在电影里看到活着的人替死去的人完成心愿，其实这也是缅怀亲人的一种形式，这种方式就仿佛亲人还是一直陪伴着我们，与我们一起去做亲人生前没做完的事。如果想要暂时忘掉痛苦，可以做一些简单重复又容易投入的事情，比如，打游戏、旅行、运动、体力劳动等。

内心悲伤甚至会转换成对死亡的恐惧，这时候我们可以去城市的各个养老院、孤儿院、流浪猫狗收容所等地方做义工。给予帮助和关怀，使内心平静，净化身心。甚至可以收养一只流浪猫或者狗，代替曾经亲人的陪伴。

如果一个城市有很多和亲人有关的回忆，回想起来会很

伤心，那么就换一个环境，换一座城市居住，或者去另一个地方旅游。在不一样的城市，可以把内心的回忆暂时抹去，获得内心平静。

失去亲人不等于失去全世界，生活中还是有很多人可以去交流。多和朋友聊天，多去社交，不封闭自己，敞开心扉，时间自然会治愈我们的心。

# 7
## 被分手的最大伤害是不敢去爱

你的身边有没有这样的人：他们条件优秀，却依然选择单身，对身边的"桃花"熟视无睹，细聊之下，你会发现他们都曾奋不顾身地爱过一个人，但如今不敢再奢求一次甜蜜的爱情。

海源是一个各方面都很优秀的男孩，他曾拥有一段刻骨铭心的爱情，却以失败告终。自从与前女友分手之后，3年的时间里他一直保持着单身的状态。他为她学吉他、学做饭，对她的关心远胜于自己，但这段感情依然以"性格不合"走到了终点。

海源说："自从分手之后，我很长时间都沉浸在痛苦之中，一直思索自己哪里做得不够好，也尝试着挽回这段感情。但她走得异常决绝，拉黑了我的所有通信方式。直到有一天，我发现她在与我分手一个月的时候，找到了一个新的男友。

从此，我不愿再轻易相信感情，即使对方的条件确实不错，我也会花费很长一段时间权衡。以前我对爱毫无保留，现在可能因为年龄越来越大，越不容易爱上一个人吧。"

为什么有些人在分手之后，再也不愿去触碰爱情？是因为担心自己的深情被他人辜负，还是认为爱别人不如爱自己？

其实，他们只是无法妥善地处理分手造成的心理创伤。恋人关系实质上是一种亲密关系，而这种关系的突然丧失，会令一个人的正常生活，特别是精神层面产生不适，从而陷入痛苦与煎熬之中。为了避免再次陷入当下的困境，他便会拒绝开始下一段感情。

心理学家认为，以下三种分手方式产生的心理创伤尤为严重。

## 1. 遭到对方背叛而分手

一段亲密关系建立在彼此相互信任、相互依赖的基础上。在恋爱期间，我们会下意识将对方各方面的资源归纳给自己，甚至将对方看作自己的一部分。而对方的背叛行为会破坏彼此之间信任与依赖的关系，使双方从一种相互信任的状态转为敌对状态。

背叛会导致当事人的信仰崩坏，认为自己一直处于被欺骗的状态，从而造成个体认知失调，对一个人的心理也是一种极大的刺激。于是，当事人在分手之后很难再去相信他人，使亲密关系的建立越发困难。

## 2. 没有明确缘由而分手

大多数人或许都经历过这种情况，没有理由，甚至没有见到对方，就莫名其妙地结束了恋爱关系，并被删除了所有联系方式。这种行为不仅对当事人造成了伤害，还带给他们一种朦胧感。他们不清楚分手的具体原因，就会不断猜测到底是什么原因令对方提出了分手的要求。

是不是自己哪里做得不够好？还是对方移情别恋？不断的自我怀疑会令当事人长期处于被动状态，恋爱的自信心受到严重的打击，从而对恋爱产生一种不自信的态度。

## 3. 满怀期待下被分手

心理学研究表明，人对自己尚未完成或尚未得到明确结果的事情，更难以忘怀，恋爱关系也是如此。当你正满心欢喜地经营这一段感情，甚至已经为彼此的将来做出规划时，分手的消息会打碎你的期待，从而令你产生一种强烈的失落感，期望越大，受到的伤害也就越大。

总而言之，人会因趋利避害的天性而在遭受分手后放弃恋爱的想法，并以各种各样的态度拒绝恋爱关系的建立，比如认为自己和他人在一起依旧会被抛弃的放弃型心态；认为感情误事，好好工作赚钱的上进型心态；再也不给他人伤害自己的机会的自怨自艾型心态，等等。

对分手而言，我们更多的是需要对自己做出引导，调整对自己的认知，不要长期纠结在"没有人喜欢我""我喜欢的人都会离开我"等问题上，找一个亲近的人倾诉并寻求安慰，释放自己积压的情绪。

懂得管理自己的生活，从生活的各种习惯开始，尝试将对方剔除出去，比如将对方遗留下的物品清除，避免在日常生活中激起内心的创伤。同时，通过做一些有意思的事情转移注意力，如旅游、聚会、看电影等。

电影《真爱至上》中有一句经典的台词："有时候真爱就是一种选择，决定对某个人只是给予，不求回报，不执着于他是否会伤害你，是否他就是真爱。爱情也许不是降临到你身上的，而是一种选择。"它的意思是，爱一个人的时候是不求回报的，就算他伤害了你，你也会用心对他好。成长从来都没有偷走你的勇气，只是你受过几次伤，就不再敞开心扉罢了。

其实，成长就是遇见许多不同的人继而分别的过程，迎来送往是人生的常态。我们要知道，有的爱情到达的终点是婚姻，而有的爱情只是给我们上一课，告诉我们什么是不合适，然后去寻找真正对的人。

# 8
## 重复失败造成的习得性无助

希腊神话中有这样一个故事：一个名叫西西弗斯的人得罪了众神之王宙斯，宙斯惩罚他每天将一块巨石推到山顶，然而巨石达到山顶之后又会滚落到山底，他只能继续将巨

石推上山顶，如此往复，永无止境，看不到任何希望。

现实中有很多人像西西弗斯一样，自己努力了很久却无法达到预期的效果。久而久之，他们开始感到无力抵抗"命运的力量"，仿佛一切努力都是徒劳，认为自己天生就不是这个料。

而实际上，这只是不断遭受失败的打击形成的一种习得性无助。习得性无助是指因重复的失败或惩罚，而放弃努力的消极行为。从心理学角度分析，习得性无助是由于不断的努力仍无法达到预期，从而导致对现实妥协和无力的心理创伤。

心理学家认为，习得性无助的心理源自多次失败而产生的挫败感。当一个人在经历多次失败后，会对自己的智力、能力产生怀疑，认为自己无论多么努力，也无法获得成功，进而对生活失去积极的预期，产生自暴自弃的消极心理。

不良的归因方式也是其中一大诱因，当一个人将造成自身学业、工作等方面失败的因素归咎为自己能力不足或智力太低，认为成功源自运气时，就很容易产生内疚、沮丧和自卑的情绪，从而失去自信，将自己深陷人生的阴影之中。

而且，外界的负面评价也起到了推波助澜的作用。就像每个人的人生中存在的那个"隔壁家的孩子"，因为他的存在，我们无法获得周围人应给予的关注与赞赏，这种嘲笑、责备，甚至侮辱，给予了我们消极的自我暗示。长此以往，我们就会逐渐丧失自尊，失去追赶目标的勇气与动力。

当多次受挫和负面提醒造成的负面情绪长期积累，绝望渐渐在心中萌芽，以至于根深蒂固，从而导致情绪失调，失去进取心，甚至引发长期抑郁。

习得性无助的形成受环境的影响颇大。一种极端的环境极易催发出习得性无助，如受虐待的女性、孩子、人质等，他们长期处在关押、虐待的环境中，已经接受了无法逃脱的暗示。当他们脱离这种环境时，依然无法尝试面对任何事情，甚至经过一段适应期以后，仍无法正常生活。

家庭的管教方式也对习得性无助有很大影响。调查显示，在过度管教或溺爱的家庭中，孩子出现习得性无助的概率要大于正常家庭。如果孩子在成年后还不能拥有正常的生活技能，或父母总是说教、命令，剥夺孩子选择的权利，那么孩子脱离家庭环境后往往会备感无力。

习得性无助是我们的大脑为了让自己适应绝望环境、免于崩溃而做出的妥协状态。想要改变习得性无助，心理学家给出了以下几种方法。

## 1. 判断自己的归因模式

当我们因不断的失败而选择放弃的时候，我们应该客观地分析一下，是否将一时的困难认定为永久的困境？是否将进入新环境的不熟悉感认定为能力不足？是否自己太过追求完美而导致畏首畏尾？

冷静地分析失败的原因后，再对症下药，不能盲目地进入"我天生就不是干这个的料"的习得性无助的状态。

## 2. 完成一个小目标，提升自我价值感

我们可以设定一些难度不高的小目标，从完成目标的过程中收获成就感，逐渐建立自己的自信心，从而改变对自己能力和智商的认知。

## 3. 适当地降低预期

当我们对某项难以完成的目标产生无力感时，我们不要将自己拖入"不达目的不罢休"的误区，因为这样很容易因要求过高而产生挫败感。不如适当地降低预期，从一个容易完成的部分开始，将"做不好"变成"能够做些什么"。

三毛曾说："面对圣人，我们一步一步走下去。踏踏实实地去走，永不抗拒生命交给我们的重负，才是一个勇者。"所以，当我们眼看着希望一个接一个落空的时候，一定要沉着冷静，千万不要因为一时的失败而无助，将自己拖进"习得性无助"的深渊。

# 第四章　真正的强大是敢于脆弱

# 1

## 鸵鸟心理：越逃避越受伤

前人曾认为，当鸵鸟被逼得走投无路时，会把头钻进沙子，以为看不见就是安全，这种心态被称为"鸵鸟心理"。当痛苦像冰雹一样突降，很多人就选择了鸵鸟这种"掩耳盗铃"或"视而不见"的应对方式，但这不仅不能减少伤痛的力度，反而会加深内心的痛苦。

通常情况下，痛苦并不是灾难发生时的事件，痛苦的很大部分在于日后的我们总会一而再再而三地记起那件事，每次记忆时，痛苦的情绪就会再次涌上来，周而复始。当我们在这种情绪中沉溺时，就会一直背负着过去的痛苦，不能自拔。内心强大的人懂得痛苦来临时，直面它，因为你无处可逃。

传说中，释迦牟尼佛在世时，一位名字叫奇莎格达莱的女人为自己死去的孩子而难过。她不能够接受孩子离开她的事实，到处寻访名医，希望可以找到挽回她孩子性命的药物。听说释迦牟尼有这样一帖药，女人便来到了佛祖面前，请求道：

"你能给我起死回生的药，让我救活我孩子吗？"

"我是知道这种药，"佛祖回答道，"不过我需要一些做药的原料。"

女人舒了一口气，问道："你需要哪些原料呢？"

"给我一把芥菜的种子，我要的芥菜种子必须来自一个从没有孩子、配偶、父母或仆人死亡过的家庭。"佛祖说。

女人便开始一家家去要芥菜的种子，每个人家都答应给她一把芥菜种子，但是当她问及是否家中有人死亡时，才发现每个人的家中都有人死过。一家死了女儿，一家死了丈夫或父母，一家死了仆人。

奇莎格达莱没有找到任何一家可以免于死亡痛苦的家庭。终于她明白了世上不是只有她一个人受苦，她放下了儿子的尸体，回到佛祖身边。

佛祖慈悲地对她说："你以为只有你一个人失去了儿子，但是死亡的律法是没有人能幸免的，世间也没有永恒不变的事。"

每个人都会经历心灵的伤痛，比如失恋，如果你通过醉酒来逃避，等酒醒了，你会发现你依然摆脱不了失恋的痛。不如勇敢去面对，告诉自己他确实已经离开，给自己几天的时间尽情去感伤，想他以前种种的好和坏，哭也好，痛也好，笑也好，唱也好，一直想到没有可想的，再回到现实中，去做自己该做的事。

痛苦产生的根源就是抗拒，正是我们情感的斗争使痛苦的感觉更强烈。如果能让这些感觉自由表达，痛苦就会减少，反之则会加重这种情绪。因为无论选择何种途径来逃避面对痛苦，痛苦终究还是存在的。痛苦中，我们要明白，当现实

无法改变时，我们必须坦然面对。

张少兰的父亲因为癌症离世，父亲是张少兰最尊重和亲近的人。当时人人都惊讶于张少兰如此从容地接受了这个事实。"当然我很伤心，"她用压抑的语调说，"但是我真的没有问题，我当然想念我的父亲，但是生活还是要继续呀！而且我现在也不能够将心思都放在想念他这件事上，我要安排葬礼，替我妈妈处理他的遗产，我不会有问题的。"

但葬礼过后不久，张少兰陷入了沮丧、失落的痛苦中不能自拔，最后不得不求助心理医生。

心理医生直截了当地对她说："我想你应该花些时间面对自己的内心，从心里去接纳父亲已经去世的现实，并容许自己伤心。在一段时间内，这可能让你很难过，但过后你就会感觉好起来。"

泪水从张少兰的眼中涌出，她终于毫无顾忌地哭泣起来。心理医生说，让悲痛爆发出来，是她恢复常态的开端，这个过程是她避免不了的，她需要经过这个过程，然后找到心灵的安宁。

张少兰一直极力否认自己的感觉，想要逃避丧失父亲的悲痛。她表示让自己忙起来是为了冲淡因父亲的死而感到的痛苦，但距离并不会消除痛苦，它只会让痛苦埋藏得更深，在心中膨胀。只有面对痛苦，才能真正消除它。正如亨利·努文所说："我自己对待悲伤的经验就是面对它、体验它，这才是使自己精神恢复常态的方法。"

看过电影《可爱的骨头》的人一定还记得里面活泼可爱的女孩苏西。影片描述了苏西遇难后，父亲为了追寻凶手差点丧生玉米地。苏西注视着亲人失去她的痛苦，同样自身也经历着失去亲人的痛苦和无助。于是，她勇敢地打开了那个沾满血腥和罪恶的屋门，正视自己的悲惨遭遇和死亡的现实，这么做意味着帮助亲人们从失去她的痛苦中解脱出来，同时也意味着她从此去往天堂，再也见不到家人。

当然，在痛苦发生的瞬间，人都是脆弱的，不必逼自己一下子变得强大，给自己一点时间，去适应黑暗。《乱世佳人》中的主人公斯嘉丽说："明天又是全新的一天了。"就像在内心播撒种子，我们所要做的就是给种子一点时间。

面对挫折，如果一味地埋怨、拖延，问题永远在那，失望、伤心、沮丧等负面情绪也就会一直缠绕着你。唯有选择面对它、解决它，才能从痛苦中获得成长。

# 2
## 内心强大的敌人是"假自我"

心理学中存在关于自我的两种概念：真自我和假自我。"真自我"指的是一个人顺应本心，围绕自己的感受建立的自我；而"假自我"是一个人倾向于隐藏自己的感受，以外界的评判和父母的期望作为行事依据，构建出的虚假自我。

"假自我"的人内心是脆弱的，他们不敢表露真实的自己，

甚至逃避、胆怯。这种"假自我"往往就是想拥有一颗强大内心的绊脚石。

在一辆公交车上，一位活泼可爱的小男孩正叽叽喳喳地和妈妈说着什么。公交车突然转弯，这个小男孩没有抓住妈妈的手，被车的惯性甩了出去，脑袋碰到了车的扶手，顿时号啕大哭起来。男孩的妈妈急忙将他扶起来，但男孩依然哭个不停，心里十分委屈。

男孩的妈妈对他说："乖，不哭了啊，你是一个坚强的小男子汉，再哭会被叔叔阿姨笑话的。"小男孩好像意识到了什么，逐渐停止了哭闹。

英国心理学家莱因曾说："有真自我的人，他的身体和他的感受是在一起的；而假自我的人，他的身体是和别人的感受在一起的。"就像小男孩一样，为了避免受到他人的嘲笑，而拒绝表达内心的真实感受。精神分析学家温尼科特认为，这种"假自我"的形成，源自一个人幼年时家庭的环境和教育。当父母在发泄情绪时，孩子会本能地将父母产生负面情绪的原因归结到自己身上，从而压抑自己的感受去讨好父母。长此以往，他们便会自动寻找他人的感觉，形成一种虚假的自我。

"假自我"的明显表现，就是总是不能与自己心仪的人建立亲密关系。他们以迎合对方的感受来经营爱情，但实际上他渴望的是一个能够看到他内心脆弱的人。

相对而言，"真自我"者是具有价值感的人，他们敢爱并且拥有强烈的归属感，生活井然有序。"假自我"的人则缺乏自我价值感，总是疑惑自己是否能做好，甚至为一件事情愁上很久。两者之间的变量就是：是否相信自己有价值感。

邓肯是美国著名舞蹈家、现代舞创始者。她在 6 岁的时候就能教自己朋友跳舞了，她在以后的舞蹈练习中，开始讨厌僵化、刻板的古典芭蕾舞动作，她欣赏在舞蹈中展现自然的节奏、律动的动作。她认为自己不应该为柴米油盐而去跳商业化舞蹈，自此，她更加专注于表演和诠释音乐家们的作品。

21 岁的时候，邓肯不得不去英国谋生，在英国的大不列颠博物馆中，她发现古希腊艺术的美，她从这些雕塑和油画中感受到自己理想的表现方式。就是穿着长衫，光脚，肢体像是海浪在翻滚或是树枝在摇摆。

从古典音乐中发现灵感，追求用肢体语言表达神圣的人类精神世界，邓肯又认为技巧会玷污人体美感，动作来源于自我感受，她的舞蹈大多是在表现生命，这些自我感知舞蹈动作，让英国观众耳目一新。随即，邓肯又在欧洲多个国家巡演，获得了巨大的反响。

内心强大的人会坚信自己的感受，才能完成某些事，获得成就感，而"假自我"正好相反。想要摆脱"假自我"，拥有一颗强大的内心，我们就要做到以下几点。

## 1. 表达真正的自己

勇敢面对自己的一切。勇敢就是善于表达，能够在任何场合流畅地向别人介绍自己。能够在众人中展示自己的全部，

包括自己的不完美。拿出一个坦诚的自己，有同情心，有包容心。能够善待自己，愿意把自己放开，抛弃幻想换取真实的自我。

## 2. 直面自己的软弱

承认自己软弱的一面。要知道柔软的东西会让人变得舒服，会让人变得温柔，会第一时间向爱的人表达自己善意的想法。逃避脆弱不是办法，逃避的行为只会让生活更加颓废和失败，酒精、网络等不只是麻痹了自己的懦弱，还有快乐、幸福、刚毅。所以"假自我"的人要停止拒绝和嫌弃自己的软弱。

当我们把因脆弱而选择逃避、愤怒、争吵、追求完美的一面抛弃，就会重新正视自己的内心。直视脆弱的一面，带着一份感恩，一份全心全意爱自己的心。在消极情况下，不要总想着糟糕的事情，而是享受脆弱，感受这份渺小地活下去的希望。直面懦弱的人内心更加强大，停止被别人摆弄，放弃外界对你的枷锁和评价，选择做自己，围绕着自己感受世界，承认自己身上的每处缺陷。

歌手朴树在歌曲《在希望的田野上》中写道："人们都是这样匆忙长大，那些疑问却从来没有人解答。"正是因为假我把真我关在黑暗中，才会找不到解答。这时候撕掉身上标签，给自己增加一些积极的标签，保持着真我探索世界，保持好奇，不要带有太多目的性，才能对自己产生最大的兴趣和自信。

# 3
## 美丽困境效应

有人说，世界容不下弱者，于是，伪装便成了生活的必需品。我们不断掩饰自己的缺点、无知与脆弱，甚至委屈自己来假装强大。但是，我们真的对心理的脆弱如此抗拒吗？

纽约鲁宾艺术博物馆，曾经举办过一场名为"焦虑与希望的纪念碑"的展览。参观者受邀在小纸条上分享他们最深切的恐惧和愿望，将其以匿名的方式成为展品。墙上挂满了各种各样的"焦虑"，人们在这里坦诚地暴露了自己内心的脆弱和缺点。

"我很焦虑，因为我害怕自己会孤独终老""我很焦虑，因为我可能会错过做妈妈的机会""我焦虑是因为自己不能给儿子一个家"……

这5万多张纸条表达了很多人内心的想法，如果没有这场展览，这些想法不会被公之于众。因为他们担心过度展示自己的脆弱，会遭到他人的否定。

但心理学研究显示，人们只不过是自动放大了这种恐惧。心理学中有一个名词："美丽困境效应"。指的是，一个人看待自己的脆弱与他人如何解读它们之间存在很大的差异。他会倾向于认为，暴露自己的弱点会使他们显得软弱、不足，

存在缺陷。但在其他人的眼中，这些弱点反而令他更具吸引力。简单地说，就是他人会更积极地看待我们的脆弱，而我们也会赞美他人展示脆弱的勇气。

举一个例子：一对处于热恋中的情侣，因生活中的琐事产生了矛盾，导致两人冷战。当男生主动认错，并讨好女生以求原谅，你会称赞他的大度与担当，懂得包容女生；但如果这件事发生在你的身上，你会下意识地拒绝主动道歉，掩饰自己离不开对方的心理。这也就是为什么我们经常鼓励别人，建议他求助或主动认错，而自己不敢暴露自身脆弱的原因。

对脆弱而言，为什么我们对自己的评价要低于他人对我们的评价呢？从心理学角度来看，我们在面对脆弱时，会联想到更多的细节，在脑海中模拟现实中的具体情景。此时，我们的注意力完全放在了具体情景上，而忽略展示脆弱的意义，从而变得焦虑和紧张；但对他人的脆弱而言，我们无法获知具体的细节，所以只能以一种客观的方式理解事情的本质。简单来说，从当事人角度来看，他们会想象自己处于这种情况时，展示脆弱会显得他们软弱和不称职；但从旁观者角度来看，当他人处于这种情况时，他们则更倾向于将表现脆弱描述为"可接纳的""可以理解的"。

比如当我们主动认错，请求和好时，我们会联想到自己抛弃自尊，低声下气，感觉十分糟糕。但当他人向我们讲述了认错的经历时，我们会认为这种情况很正常。

心理学家研究表明，在一段亲密关系中，不敢表达自身的脆弱，更容易损害亲密关系。因为当你极力掩饰内心的脆弱时，对方很容易从你的表情与动作中，分辨出你是否表达了真实的自己。比如当你掩饰脆弱时，内心的焦虑与不安会导致血压上升，脸色通红。这也就是你为什么能够出现"对方是不是在隐藏什么"的感觉。如果，对方对你有所隐瞒，你肯定会认为，对方不信任你，不愿向你敞开心扉，没有拿你当朋友。所以，当你极力掩饰内心的负面情绪时，会令对方产生你不信任他的感觉。如果向对方展示自己的软肋，是给予对方最大的信任。这种做法能够有效加深双方的亲密关系。

那我们该如何打破美丽困境效应呢？其实，当你意识到自己正处于美丽困境效应中时，你就已经开始试图摆脱这种困境了。不过，其难点在于消除承认脆弱带来的无能感。

我们要知道，我们之所以不敢向他人展示自己脆弱的一面，很大一部分原因是害怕别人看到真实的、不完美的自己，进而远离、拒绝自己。所以，我们降低自动放大的负面影响，告诉自己，当别人看到我们表现出脆弱时，反而会认为我们有勇气，因为这种行为象征着力量，而不是软弱。

你也可以找一个值得信任的人，他能够让你表现出对脆弱的认可和包容，进而可以表露自己的脆弱。这样，在降低自身心理负担的同时，能够在此过程中收获展现脆弱的勇气，从而促进与他人之间更深层的连接和加深彼此的关系，进而找到属于你的归属感，成为真正的强者。

# 4
## 犯错误效应

每个人都不喜欢犯错，不仅仅是因为犯错会得到相应的惩罚，更多的是担心暴露自身的不足，从而招致他人的轻视与嘲笑。但你有没有想过，其实我们偶尔出现的一些小失误，不但不会令人反感，反而会令他人心生亲近感。

贺楠在朋友眼中是一个特别优秀的女人，她不仅长相身材出众，而且毕业于名牌大学，年纪轻轻就成了一家外企的高管。但是，她一直处于单身的状态，反观身边的女性朋友，条件远不如自己，身边却总是不缺乏追求者。她总是想，自己的择偶条件也不算太苛刻，为什么总是遇不到喜欢自己的男人呢？

其实，她身边的朋友给她介绍过很多男生，但是对方知道她的自身条件后，甚至连见一面的欲望都没有，直接以"配不上"回绝了她们的好意。眼见身边的朋友一个又一个步入了婚姻的殿堂，而自己还是孑然一身，贺楠为此十分苦恼。

心理学家阿伦森曾经做过一项心理测试：他准备了四段不同录像，分别展示了在同一访谈模式中出现的四种不同的访谈状态。他要求被测试者从这四位被访谈者中选出自己最喜欢和最不喜欢的一个。

第一位被访谈者非常优秀，而且表现得完美无缺；第二位被访谈者非常优秀，但表现有一些小瑕疵；第三位被访谈者能力一般，而且表现平庸；第四位被访谈者能力一般，而且表现中存在失误。测试的结果显示，最不受人喜欢的人，毫无疑问就是第四位被访谈者。但令人感到意外的是，最受人喜欢的人居然是第二位被访谈者。

而这种能力优秀的人，因细微的失误而导致社交吸引力提高的现象，我们称之为"犯错误效应"，也称"出丑效应"。

那为什么出现失误的人反而会比表现完美的人更受欢迎呢？从心理学的角度分析，完美的人通常会给人一种不真实、高不可攀的感觉，人们对这样的形象一般只有敬畏，很难从心里接纳和喜欢。而一个人偶尔的失误，会让他人从心理上感受到他真实的一面。而且，当一个人的形象过于优秀，会带给他人强大的压迫感，令对方感到卑微。由于人的自我价值保护机制，任何一个人都不愿去喜欢一个时刻提醒自己能力不足的对象。而小小的失误，会令他人降低这种压迫感，拉近双方的心理距离，因此，能够赢得更多人的喜爱。

但是，"犯错误效应"并不是社交的万能公式。它的产生有一个重要的前提，即出现失误的人具备优秀的才能，而且失误也是可以原谅的小失误。不然，你的失误只会招致他人的嫌弃和排斥。就像罗斯给出的案例一样，一名女性向同事介绍自己时，不是提及她的学历和获得的证书，而是讲述她前一天晚上是如何照顾生病的孩子而缺乏睡眠。而这使她花了几个月的时间才重建了自己的威信。

所以，我们不必要求自己成为一个完美的人，将日常的失误看作洪水猛兽。对自己的小缺点不加以掩饰，反而会获得更多人的亲近。简单来说，可以从以下几点做起。

### 1. 懂得适当示弱

刻意追求完美，会给人一种做作的感觉，而且在人际交往中容易与他人产生争执。示弱并不是认错，示弱其实是一种暂时的退让。懂得适当示弱，对一个人的处世来说是十分重要的。我们可以使用"我可能不是那么优秀""我可能不是太好"等相对婉转且适应各种场合的语言来坦诚自己的不足。

### 2. 展示自己最真实的一面

有人说："人生如戏，全靠演技。"但事实上，那些能够给人真实感受的表现才是更为珍贵的。一个人可以存在缺点，而如果能够表现出真诚和真实的话，这种缺点非但不会惹人讨厌，还会令人心生欢喜。

### 3. 承认自己的错误

当我们出现某些失误时，不要试图替自己辩解或者推卸责任，而是要勇敢地承认这一失误，且承担全部责任。

古语云："金无足赤，人无完人。"我们都知道完美的人是不存在的，一味地去追求完美，来掩饰自己的脆弱，无疑会为自己带来一种负担和压力。人本身就如同断臂的维纳斯那样，因为有了缺点，所以才显得可爱。

# 5
## 允许自己丧气一下

《马男波杰克》被网友称作世界上最丧气的动画片，该动画片中有这样一段话："这个世界是一个残酷无情的虚空。幸福的关键并不在于寻找人生意义，而在于让自己一直在不重要的事情中忙忙碌碌地度日，直到死去。"这句充满绝望和丧气的话，就像是大多数年轻人内心的真实写照。

不知道从什么时候开始，"丧气"突然成了一件稀松平常的事情。生活中影响好心情的事情比比皆是，比如好不容易下定决心为自己买一杯咖啡，但还没来得及喝就被打翻在地；吃饭的时候临时去了一趟洗手间，回来之后发现自己的餐盘已经被人收走了；熬夜完成的文案，被对方肆意更改主题……这种生活中突如其来的变故都会让人感觉"丧气"，感觉到伤心难过。

但是人生在世，遇到挫折是难免的事情，每个人都会出现力所不逮、悲伤难过的情况。你现在吃过的苦流过的泪，遭遇的种种失意，别人也都经历过。这些事情并非只会发生在你一个人身上。

电影《奇迹男孩》中有这样一段台词："真奇怪，你生命中最糟糕的一个夜晚对别人而言却再平常不过。比如说，在我

家里的日历本上，我会把今天标记成我生命中最可怕的一天。今天是黛西去世的那一天，但对于世界上别的人而言，这只是普通的一天，或许是美好的一天，也许还有人今天中奖了呢。"

确实，如果我们陷入一种颓废的状态，会变得意志消沉、精神萎靡，以至于对生活不再充满自信、希望和憧憬，对我们身心健康造成严重的伤害。

很多大学生在即将毕业的时候，都会面临考研还是就业的问题，当室友和同学都已经在自己喜欢的职业上崭露头角时，何晨选择带着家人的期望考研。然而，何晨考研的成绩很不理想，自己所有的努力都付诸东流。他从此变得异常消沉和颓废，在父亲的安慰下，他便痛下决心，准备找一份工作，但是投送了很多简历，却没有得到一份令自己满意的回复。

在他面试的时候，脑海中经常出现上次失败的场景，感觉自己毫无希望。他站在街上的时候，总是会想：我的人生简直糟糕透顶了，活着没有一点价值，如果自己被车撞死，父母还能够得到一大笔赔偿金。

如果一个人总是被充满负面信息的事物环绕，自己的情绪难免会受到影响。很多人都会担心自己成为一个充满负能量的人，在阳光明媚的早晨说着丧气的话，过着灰色的日子，于是，他们就会选择将内心的负面情绪控制起来，避免受到它们的影响。但是，负面情绪并不会自己消失，如果我们长期积压负面情绪，会不断给我们消极的暗示，从而变得更加脆弱。

古人对待洪水时，使用了"宜疏不宜堵"的策略。我们对待负面情绪也应该如此，允许自己"丧"一下，是为了帮助我们为长期积压的负面情绪找到一个宣泄的出口。就像知乎上的网友回复中所说："为什么喜欢丧，因为受够了啊，受够了全世界告诉你要向上，你要努力，你绝对不能松懈，不然就会被抛弃。受够了那种对负面情绪避而不谈掩耳盗铃的态度。"

美国的不老神话卡门·戴尔·奥利菲斯并不是一个幸运的人。她出生于一个贫寒的家庭，在她很小的时候，父亲抛弃了她和母亲，这使得她的童年一直在颠沛流离中度过。

经过不断的努力，她在 15 岁的时候成了《VOGUE》封面女郎，迅速成长为一名炙手可热的模特。在她正值事业巅峰的时候，她选择了结婚，但是，命运又和她开了一个玩笑。从 21 岁开始，她一共经历 3 次失败的婚姻，并放弃了自己的事业。期间，她又遭遇了股票失败、病魔缠身等众多意外，开始变得沮丧、消沉。然而，在多年的沉寂之后，她走出了像噩梦一般的过往，选择重新开始自己的人生，铸就了自己的美丽传奇。

所以，我们需要这种宣泄负面情绪的方式，但是，你在"丧"过之后，一定要记得生活还得继续，你的一生不可能就这样一直"丧"下去。"丧"一下确实能够释放你的负面情绪，但过度的"丧"会不断消耗你对生活的热爱，并将这种情绪传染给身边的每一个人。我们要切记，"丧"并不能拯救自己的人生，但是，你的努力可以帮助你逃离困境，遇见美好的未来。

# 6
## 放不下和不甘心

作家韩寒说："听过了很多道理，却依然过不好这一生。"就像失恋的人一样，明知道"天涯何处无芳草""下一个会更好"，却依然放不下过往，不甘心让身边的人就此离去。他们沉浸在不甘与怨恨之中，却没有发现世界还有很多美好在迎接他们。

王琪玮在朋友的聚会上认识了刘鸥，刘鸥身边不乏追求者，但是她正处在情伤中，放不下上一段感情，和前男友分分合合。金钱、时间、感情的付出，让刘鸥越来越不甘心，她不甘心于就这么分手，于是变得拖拖拉拉。

王琪玮甘愿当刘鸥的"备胎"，飞蛾扑火般冲上去。就这样，刘鸥在前男友面前受了委屈，就向王琪玮施压，一物降一物，王琪玮处在食物链最底端。不到一个月，王琪玮就资助了刘鸥几十万元。他不断付出却得不到任何回报，每当他想放弃时，就会想："可能就差这么一点了，只要再等等，就能赢得刘鸥的芳心。"几年过去了，王琪玮从满怀希望地付出变成了不甘心地较劲。

王琪玮已经付出太多，变成感情中的困兽。刘鸥无法洒脱地离开前男友，王琪玮也无法洒脱地离开刘鸥。即使曾经有那么一点点的爱意，现在全部变成了不甘，拼命地和自己较劲。

为什么我们会对曾经的事情不甘心、耿耿于怀？心理学中有一个"未竟事件"的说法，指的是一件令人久久不能释怀，至今仍影响着你的决策和行为的未完成事件。"未竟事件"的产生，源自你能在理智层面说服自己，却无法在情感层面接受现实。曾经的失败带来的羞耻感深深地印在了脑海中，导致我们在付出行动时，让内心充斥了太多的烦躁与压迫感。

事实上，放不下或不甘心是一种情绪信号，不断地提示着我们那些失去但未曾割舍的东西。如果我们想要使自己的内心变得强大，就要学会和从前告别。

总会有人说："当初如果我好好学习就好了。""当初如果我挽回一下感情就好了。"这么多不甘心、懊悔都是阻止我们前进的绊脚石，后悔没有任何用处，背负着难以释怀的心情，怎么能踏步向前呢？

巴克利是乔丹时代的知名篮球巨星。他退役前，在一场NBA西部决赛中，教练要把他替换掉，让他下场，巴克利说了句话："别换我下场，我死后有很多时间休息。"这成为巴克利最著名的一句话，可见篮球对他有多么重要，但是他直到退役也没拿到一个总冠军。

巴克利在球场上凶猛无比，甚至与其他队的球员发生过冲突。在打篮球的第16个年头，巴克利选择退役，虽然不甘心，但是结果也无法改变。他的医生告诉他，他的膝盖旧伤添新伤，无法再继续参加比赛。巴克利很快告别过去，重新出发。

他曾经宣布说要竞选州长，结果转眼就把这句话忘了。看似漫不经心的一句话，其实是在试图告别过去的辉煌。

退役后他成了 TNT 解说员，和奥尼尔、肯尼一起主持。这样的退役生活其实也没有离开篮球，甚至这 3 个人临时成立小组合，成为美国家喻户晓的 TNT "解说天团"，成功开启另一番事业。

所以，不要对过去挂念不舍，当我们无法再继续走老路时，就向前看看有没有另外的道路可以走，没准就能发现新的希望。给自己的过去举行一次盛大的告别仪式，和过去的不甘心道别。这些方法或许可以帮你走出过去！

### 1. 写一段自述

将曾经的经历都写下来，并且深度剖析自己，认清现状，给自己勇气。在自述的过程中我们会感受到对曾经的心酸、委屈、失落，有可能还有感激、庆幸、骄傲。把过去发生的事情用笔端倾诉出来，甚至可以尝试着去忏悔，写下抱歉的事情，或者是感激的事情。比如写出"谢谢""抱歉"等词语，来减少内心的不安。

### 2. 分享自己的渴望

向外界表达自己的想法。和朋友分享自己的不甘心、一起分析，从内心的不甘、懊悔慢慢转换成平静、爱和感激。最后，告别自我的顽固、狭隘。要知道繁华世界中属于自己的东西也不过很少，过去的遗憾、失落都会在今后的生活中释怀，学会自尊自爱，懂得如何去爱。

当你渴望前行，要懂得先抛开过去，才不会将关系凝滞在最糟的地方。能够治愈心灵的人只有自己，就像没有人能够代替我们生病一样，所以，我们要让所有放不下的事情成为过去，让所有不甘心的事情就此翻篇。

# 7
## 承认自己的无能为力

生活中有太多让我们无能为力的事情，我们无法控制时间流逝，无法掌控未来，更加不能让自己永远留在这个世界上。当我们追求卓越时，面对一项又一项挑战，在尽其所能的情况下，有时候却事与愿违，我们不得不承认，在很多时候我们的力量实在太过有限。

付静云已经26岁了，从23岁开始她就在考研，3年过去了，3次考研失败，好像永远考不上自己想去的那个大学。3年的时光在她那里变成了浪费青春。在这个分叉路上，她开始犹豫："是继续考研吗？还是和应届毕业生抢工作？"

"不，我不甘心。"付静云不甘心就这么放弃，不甘心和小自己3岁的人有同样学历，她决定再考一年研究生。一年转眼就过，付静云还是没有考上，这时候她开始怀疑自己，拖着一具疲惫的身躯，瞬间觉得自己好失败。"我为什么当初不去找工作呢？""我为什么就是考不上心仪的学校呢？"无数个疑问从她的脑海中蹦了出来。

　　她甚至开始自我怀疑："是我不够聪明吗？还是我不够努力？"她把自己关在屋子里躺了一个月，在某一天深夜，她看着外面的夜色，从楼上一跃而下，结束了自己的生命。

　　有些人在面对自己无能为力的事情时，宁愿撞得头破血流，也不愿承认自己的弱小。从心理学角度分析，当一个人处于恐惧与绝望中时，他需要将控制权牢牢掌握在手中，才能获得安全感。而身处绝望中产生的无力感，会与失控感产生联系，而失控本身会令人产生深层次的羞耻感。当我们感觉自己无能为力时，不愿向现实低头，无非是为了证明自己足够强大，从而掩饰这种羞耻感。

　　在此过程中，我们会产生愤怒或怨恨的情绪，并试图改变他人对我们的认知。愤怒会使我们对他人反复解释、理论，甚至产生肢体冲突，怨恨会使我们使用哭泣等情绪暴力，来宣泄对他人的不满。总之无论哪种行为，都是为了让事情回到可控的状态中，但现实的残酷会让我们再次陷入无能为力的困境，于是，我们的内心便陷入了一个"失控—控制—失控"的死循环。

　　如果在无能为力的事情上过于纠结，过于沉浸在无能为力的氛围中，人们往往会消极，在执着中无助、沮丧，像一只困兽，能力不足却妄想自己强大，还不如承认自己的无力，不执着于这些让自己无能为力的事情。

　　我们对自己错误的认知，会让我们相信自己可以突破某种极限，这种想法过于乐观。我们面对人生百态、万事万物都要有一个平衡概念。我们要知道在某个赛场上，只能有一名冠军，而不是多个胜者；在一片土壤上只要一种植物过多，那么另一种植物的生长空间自然会变少。既然我们能够一眼看到这其中的道理，那么为什么还要执着于一处，而不去另一处探索一番呢？

同理，我们应当拒绝把眼光只放在某一处或坚持某一个固执的观点。要知道，不是只有白日的天空才最夺目，夜晚也有璀璨的星河。不是只有玫瑰才最艳丽，还有牡丹、紫罗兰、杜鹃花……放开眼界，我们会发现这繁华世界有那么多可以选择的余地。

不执着于眼前，才有更好的收获。放下执念，行动才会更加轻松，行动的脚步才会更加轻盈敏捷。所以，如果有些东西根本无法获得，那么就看好当下。放弃那些贪婪，知足常乐，越是贪心失去的也就越多，得不到不一定美好，强行占据只会招架不住。放弃那些爱慕虚荣的心，虚荣可以产生动力，同时也会产生痛苦，当现实生活达不到想象的那么好时，人会产生忌妒和怨恨的心理。所以，放弃那些固执吧！不必纠结得失，放弃不能拥有的，珍惜现在已有的。

# 8
## 接纳无常，是对自己的慈悲

人生就是一个充满惊喜与惊吓的过程，数十年的奋斗敌不过一次失败，谨小慎微的经营抵不住一场意外。每个人都

恐惧天灾人祸，却终是避不得，我们除了接纳，别无他法。当我们无力改变现实时，接纳是一种解脱，更是一种对自己的慈悲之情。

面对骤然剧变的现实，有的人变得惶恐不安，失去正常工作的能力；有的人靠着酗酒、吸毒麻醉自己，试图逃避这个无常的世界；也有人高喊"我命由我不由天"，不断地做着无畏的挣扎，甚至嘲讽他人的退让与示弱。

从心理学角度分析，这些表现无疑是人们在面对无力改变的现实时，因安全感失衡而产生的逃避行为。每个人身处压力之下，都在用最熟悉的方式掩饰着内心的脆弱。但无论挑选哪种方式，都无法改变结局。

而这种逃避，往往会令人陷入惊恐、焦虑、抑郁等诸多负面情绪之中，对正常的工作和生活产生不利影响。如果一个人选择用逃避的方式，将自己从现实的巨变中抽离出来，会让自己在亲人、朋友面前失去原本承担的责任，从而导致人际关系恶化。

人生的无常就是要教会人们懂得接纳不幸，面对痛苦。很多人困在分手的阴影中无法解脱，试想一下，如果你捧着一颗红色的真心去爱别人，而此时对方只想要一点绿色，你的挣扎只会让彼此都感到悲哀。而且，如果你天生就是无法拥有绿色的人，你又该如何强求呢？所以，以平常心对待生活中突如其来的悲欢离合，以慈悲来化解在挫折中所经历的痛苦，才是我们所要做出的选择。

王金环正值事业上升期，是台里有名的主持人、台柱子，然而在年初时，王金环检查出癌症，这个消息像晴天霹雳一样。接下来的日子，她积极配合治疗，却不得不放弃事业，每天需要注射大量药物，一次又一次的手术，让她的神志不太清醒，每天大部分时间都处在昏睡状态。

　　她的病情一传十，十传百。观众都认为她不会痊愈，台里很快就有新主持人，慢慢地没有人再记得她，每天从几十个人来探望到现在没有人来看望她，除了满头白发的父母陪伴着她，再也没有别人。时间过去11年，她从接受自己的不幸开始，调整好心态积极配合治疗，到暴瘦、脱发、康复和最终成功回归舞台，就如同脱胎换骨一样，重新回到观众视线里。

　　一个人的强大不仅在于能力，更在于他的内心。他们看似光鲜亮丽的背后都有着不为人知的艰辛，而他们不愿被这种痛苦禁锢，反而让这些痛苦化成努力上升的台阶，把它们通通掩埋，踩在脚下，融化到尘埃里。

　　生老病死、人生低谷、一些意外等，人面对这些问题需要学会接纳，只有真正承认自己的人生不完美，才能更自然地展露最真实的自己。所以，我们面对世事的无常，需要做到以下两点。

## 1. 接纳世界的不完美

　　我们要知道，生活并不是变得无常，而是这种无常本就是它应该的样子。如果我们不具备战胜无常的能力，选择两

败俱伤、逃避或者是自怨自艾，只会把自己带入更大的灾难之中。接纳它，我们就会从中体会到深刻的认识，在以后的道路上更加不敢因顺境而得意忘形。

## 2. 接纳自己的自然反应

有些人认为，自己的内心应该强大得像一名无所畏惧的战士，但自身的表现像一个懦夫。可是你要知道，当你的安全感受到冲击而发生心理失衡时，所有的表现和情绪都是人类的正常反应。就像你无意间碰到高温或尖锐的物品时会立刻躲开，这与你付出的努力无关，也与你内心的强大程度无关。

所以，给自己足够的时间去接纳这些脆弱的情绪，让你自己有时间和空间去消化，使你自己内心慢慢接受和理解。

当我们拥有坦然接纳自己的能力，也就懂得满足。有的人认为只要吃饱喝足就是一种幸福，有的人则认为成为最强大的那个人，才是真正的幸福。前者则更加轻松快乐，懂得享受自己所获得的回报，而不是看着没有得到的回报，后者却正好相反。当变故来临时，反而知足者更容易表现自己对不幸的慈悲，更能接受和适应变故。

要想改变世事无常，就要改变心态，看清自己的位置，有什么能力就做什么事，不必强出头，也不必过于看低自己。当突如其来的灾难来临时，良好的心态是最重要的人生调节器，强大的自愈力能够把糟糕转换成庆幸，把绝望转换成希望。

# 9
## 承认别人比自己厉害

在众多的网络资讯中，我们经常能够看到各种人展示诸如才艺、能力、智慧等方面的图文和视频。但在这些资讯的评论中总是会出现各种鄙夷的声音，例如，"外行看热闹，内行看笑话"等。我们抛开相对虚假的作品不谈，某些专业性的技能也会遭到他人的不屑与嘲讽，难道承认别人的优秀真的很难吗？

黄立是名牌大学研究生毕业，在一家公司的设计部工作。他的学历是整个设计部中最高的。有一次，公司要求设计部拿出一项设计方案，部门总监命令设计部里每一位成员参与设计。最后，黄立的设计方案被放弃，一位普通院校毕业的员工设计的方案被领导采纳。

黄立在听说这个消息之后，拿着对方的方案在办公室大发牢骚，不断指出对方方案中的不足，认为领导没有看到自己方案的精髓。但公司里的同事都知道，黄立的方案虽然基本功很强，但欠缺想象力，太过死板。同事们都认为他太过好胜，而且不愿意承认别人的优秀。

生活中从来不缺少这样的人，当他们谈及别人的成功时，总是说："不就是机会比我好那么一点吗？""不就是有一个厉

害的老爹吗？""我只要稍微努努力，就没他什么事了"……
他们总是为自己塑造了一个强大的形象，而实际上，在其他人
眼中，他们就像一个小丑，只是在掩饰自己的无奈与自卑罢了。

心理学中有一个专业的术语，叫作"达克效应"。它是
一种认知偏差，指的是能力欠缺的人在自己欠考虑的决定的
基础上得出错误结论，但是无法正确认识到自身的不足，辨
别错误行为。简单地说，就是沉浸在自我营造的优势中，高
估自己的能力水平，无法客观评价他人的能力。

从心理学角度分析，我们之所以不愿承认他人比自己更
优秀，是因为在潜意识中认为，承认别人的优秀等于承认自
己不行。当我们承认对方在某一方面强大的实力时，会出现
一种自卑的心理，从而感到来自外界的压迫，产生焦虑不安
的情绪。为了避免这种情绪的产生，我们便会拒绝承认对方
的能力，并以指点或嘲讽等方式掩饰内心的脆弱，消除心理
上的不平衡。

就像有的人谈起比尔·盖茨时，他们会将注意力放在他
的天然条件上一样。比尔·盖茨的第一笔生意确实得到了身
为 IBM 董事的妈妈的帮助，但 IBM 董事有很多人，而比尔·盖
茨的母亲只是其中之一。他的确有一个不错的开端，但你不
能否认，他能走到今天这个位置，身上一定有着常人无法匹
敌的能力。

敢于承认他人比自己优秀，并不是一件丢脸的事情，相
反它会让你的生活更加轻松。所以，当我们面对比自己优秀

脆弱心理学

的人时，我们可以做到以下几点。

### 1. 不要忌妒

他人的优秀会使我们产生失落、自卑等情绪，觉得自己一无是处，虽然不甘于现状却又无力改变天资的平庸，于是，忌妒心理就会产生。忌妒会侵蚀大脑中的理性，使我们以数落对方缺点的方式来试图拉低对方，令对方与自己站在同一高度。但事实上，别人不会因此而不优秀，我们不会因此而优秀。所以，拒绝忌妒心理是我们需要走的第一步。

### 2. 承认自己的无知

希腊哲学家芝诺曾经说："人的知识就好像一个圆圈，知识越多，圆圈的周长就越长，就越会发现自己的无知。"我们要认清自己的现实情况，无论我们的能力到了哪种程度，都有未知的世界等待我们去探寻，多学习别人的长处，丰富自己的知识才能更好地提升自己。

### 3. 对他人不吝赞美

每个人的内心都渴望得到他人的赞美。当我们面对比我们优秀的人时，真诚地说上一句"那个人真的很优秀啊"。是接纳对方，也是放过自己。

当我们发现别人比自己优秀时，我们应该抱着一种学习的心态，慢慢地提升自己，不要一味地无视或讽刺他人。其实，承认别人优秀，并不是否认自己。真正内心强大的人，会看到别人的优点，不断学习他人的长处，才得以奋发向上。

那些见不得他人优秀的人，往往堵死了自己的进步通道。只有认清自己和他人之间的差距，坦率地承认自己还不够优秀，不逃避，不退缩，才能使自己真正避免落于失败的境地。

# 10
## 哭泣是如何治愈我们的

俗话说："男儿有泪不轻弹。"哭泣通常被看作女性独有的权利，甚至大多数女性也不喜欢哭泣，因为这种行为经常被人当成一种软弱的表现。但实际上，哭泣对治愈我们的内心有着很大的帮助。

王安贤就要毕业了，在这炎热的 6 月，她还是没有找到工作，内心的焦虑也与日俱增。不久她的男朋友向她提出分手，为此，王安贤的信心大受打击，工作也不想找了。消沉了大半个月，王安贤才在亲戚的帮助下去了一个和自己专业毫不相关的公司，不久王安贤就坚持不住离职了。

她本想找个自己感兴趣的工作，结果几十个面试接连被拒绝，屡次受挫的王安贤备感沮丧。家里条件本来就不好，王安贤也不好意思向家里要生活费，只能住在几平方米潮湿的地下室里。白天面试，晚上窝在地下室里，也不敢和家人说实话，就这么一直憋在心里。直到王安贤路过一家餐馆，饥肠辘辘的王安贤发现自己没有吃饭的钱，想着想着就觉得委屈，便一个人大哭了起来。

在内心痛苦的时候，我们喜欢把痛苦通过诉说发泄出来，因为倾诉是人们的本能，这是最直接的发泄方式。但除此之外，发泄的方式还有很多，如运动、听重金属音乐、写日记等。但是这些发泄方式都不如痛快哭一场来得简单、肆意。

当我们沉浸在悲伤中时，哭泣的概率比较大。这是因为哭泣的动作习惯性与负面情绪形成连接。这种习惯源自婴儿时期，用哭泣表达欲望与需求的习惯。

从生理上来看，悲伤时哭泣，能够通过泪水舒缓沮丧的心情，把身体里有害的情绪释放出来。流泪是缓解神经紧张的有效方式，哭泣后，人们情绪起伏会降低百分之四十。用哭泣缓解痛苦，相当于用生理现象解决精神现象，是很好的解压方式。在哭泣时机体紧张、情绪激动，随后开始出现身体局部放松，这个过程能够消耗体内大量的能量，就像进行了一场有氧运动。

从心理上来看，当我们哭泣时，意识的模糊会让我们暂时忘却失意，将身体内的负面情绪倾泻出来。但很多时候，哭泣不仅仅是简单地宣泄情绪，它还能对我们的情绪进行重新引导，将我们的注意力由思想转移到身体，从消极的事件中脱离出来。所以，哭泣并不完全代表着脆弱，它能够帮助人们释放压力，对于维持身体健康和精神平衡有很大帮助。

南佛罗里达大学的乔纳森·罗滕贝格研究员曾经测试过这样一组哭泣对比。他发现经常大哭的人，在哭泣时更能改善心情。研究者挑选了几十名年龄适中的女性志愿者，并且

要求她们每天写心情日记，要记录这几个月曾经哭泣的原因、时间、地点、感受等。研究者发现大部分人在哭泣后心情有明显的好转，而这些人在哭泣时，都是幅度较大、情绪比较亢奋的人。因此我们会发现，其实治愈心中的创伤，在发泄时不应该把事情憋在心里或者默默流泪，放声大哭是最好的选择。

所以，独自一个人时，就不要压抑自己，放声大哭是最好的选择。当然，过度的哭泣也可能伤害到自己，容易因过度关注自身而引发一种自恋情结，使孤独者更孤独，或者越哭越伤心。

另外，哭泣也是一种进行情感沟通的重要手段，可以促进人与人之间亲密关系的建立。当你在一个人面前肆无忌惮地流泪时，就等于传达出一种信息：我正在和你分享我最脆弱的情感，你看到了我最真切的一面。对方能够感受到你对他的信任，从而加深彼此之间的关系。

《逆光飞翔》中有这样的一段歌词："有时候想大哭，找个没人的地方。不需要同情的目光，自己给自己力量。"诉说苦楚确实很重要，但独自一人的哭泣，也是我们最坚强的发泄方式。所以在悲伤的时候，虽然心情不好，但是也要保持头脑清醒，不把悲伤强行塞给别人。无法压抑情绪就大声哭出来，哭泣是治愈创伤的良药，当不好意思在别人面前哭泣时，就独自一个人哭，以自愈的方式让糟糕的事情一点点被淡忘。

脆弱

第五章　改变弱者思维模式

# 1
## 受害者人设：为什么是我?

素黑说："受害者最大的伤口不是被伤害，而是不肯放下受害者的角色，宁愿浸淫在痛苦和自怜的心理惰性中，被负面思想侵占理智和心胸。"现实中，很多人在遇到问题时，都会给自己塑造一个"受害者"的人设，通过不断肯定自己的无辜，将责任推卸给别人，沉浸在懊恼、埋怨的情绪中。

雨泽刚进入大学参加社团活动的时候认识了前女友，她是一个大三的学姐，她的妈妈去世比较早，因而在家就完全是一个小公主，凡事雨泽都得让着她。

不被人看好的姐弟恋就这么开始了，热恋时期，两个人天天有诉不尽的衷肠道不完的爱，转不完的校园拉不完的手。相处一段时间后恋爱进入了稳定期，两个人的认知矛盾渐渐显露，以往约会的"早出晚归"变成现在的"隔三岔五"，也常常因为一点小事就吵架闹冷战。三观不合已经成了两个人矛盾的最尖锐处，因雨泽外出兼职太忙忘记回复女孩的消息，就被认定为"不爱"甚至认为他"出轨"了，最终两个人不欢而散。分手之后，女孩为了挽回自己在朋友中的颜面，开始跟朋友诉说雨泽是如何的渣男，而自己成了那个一往情深为爱坚持付出的痴情人。

心理学中有一种受害者心理，指的是人们在面对挫折和失败时，会将原因归结为客观环境或人力不可控的偶然性因素，进而产生一种自怜心理的思维模式，其本质是一种逃避心理。在这种心理的影响下，他们习惯将自己定位成"受害者"，认为全世界都在和自己作对，自己一直处于被伤害的位置中，出现逃避应有的责任、放弃改变当下困境的行为。

这种心理的形成在很大程度上受到幼年经历的影响，当一个孩子摔倒，在确认有父母在身边后，他通过哭泣的行为来博取父母的同情，以满足自己希望被关注的需求。如果在成年之后，这种出于自我保护机制的自怜情绪无法得到有效控制，就会演变成受害者心理，从而在生活中抱怨老板不能慧眼识英才，导致他无法展现自己的能力；抱怨伴侣不够体贴，总是忽略他的细微情绪；抱怨身边的人不能耐心倾听自己的倾诉……

我们长期为自己塑造受害者的人设，以获取他人对我们额外的情感付出，会破坏原有的亲密关系。因为，这种心理是将自己的快乐依附在他人身上。也许对方会尽力满足我们的需求，但长此以往，这种无止境的渴求会消磨对方的耐心，令对方感到厌倦，最终离我们而去。而且，受害者心理是潜意识里对自己的放弃，看似能够获得更多的情感关怀，实际上会因为不负责、不行动而错失让自己变得更好的机会。

就像一段感情，既然分手了，那么两个人都受到了一定影响。如果在好聚好散后，总是将自己包装成感情的受害者，

将责任通通推给对方，那你永远也不会发现自己的缺点与不足。久而久之，你将无法收获一段能够长久的感情。

我国著名数学家华罗庚从小家境贫寒，初中毕业后，因为家里没有钱为他交学费而被迫辍学。然而对数学痴迷的华罗庚并没有放弃学习，他一边帮助父亲看铺子，一边自学数学，甚至多次将算出的结果当成了货物的价格。后来华罗庚不幸身染重病，待痊愈之后左腿落下了残疾，而这时候的华罗庚只有 19 岁。

面对命运的残酷判决，华罗庚没有自暴自弃，他越发坚强。他开始在数学领域刻苦攻坚，终于他发表的一篇文章被数学教授熊庆来看到，特招他进清华大学。他笨拙的身体被别人嘲笑，但是他从不多说话，只是默默地努力，依靠着自己出色的数学天赋和远超常人的努力，他仅仅用了两年就完成别人需要花费 8 年才可以完成的学习课程，还自学了几门外语。由于华罗庚出色的表现，他被清华大学保送至剑桥大学学习深造，最终成为一位伟大的数学家。

拥有强烈自尊心的人遇到困难的时候有两种选择：一种是真正地去维护自己的自尊心，即使现在的自己确实是别人口中所说的那样；另一种选择是假意地维护，通过向别人展示自己的可怜之处以求得他人的"认同"，让别人"不好意思"再揭露自己的伤疤。懦弱的人永远在掩饰真实的自己，不愿看到自己的缺点，不愿别人提起，自欺欺人地蒙蔽自己的眼睛，这样的人多么可悲。

受害者心态无非就是给予自己假正确、假正义、假无辜以达到别人的假认同，这是失败者、弱者的表现，长期的"受害者"终究要被身边朋友唾弃。真正的强者是对自己负责，即使很不幸，命运宣判他为真正的受害者，他也会努力让自己摆脱这个头衔，虚假终究是虚假，唯有勇敢地战胜一切苦难才是实实在在。

# 2
## 瓦伦达效应：越在意成功越容易失败

瓦伦达效应是心理学上的一个著名的效应，指的是为了达到一种目的，过于在意结果，而被影响到状态、行为和对事物的判断力的现象。简单地说，就是当我们打算完成一件事时，因不断暗示其重要性，从而在无形中为自己增加压力，导致结果不能令人满意。

这个效应源自一个真实的故事。瓦伦达是美国著名的高空走钢索表演者，以精彩且高超的技术闻名，而且从未出现过意外。但是，他在一次重大的表演中不幸失足身亡了。

当他在得知这一次观看表演的人都是美国知名的人物后，为了保证演出的成功，他不断琢磨自己的每一个动作、每一个细节。当他刚刚走到钢索中央，仅仅做了两个难度不大的动作后，就从空中摔了下去。

他的妻子回忆说："我知道这一次一定会出事，因为在他

上场之前，他总是不停地说：'这次太重要了，绝对不能失败。'在之前每次成功的表演，他只是单纯地想着走钢丝这件事，不去管这件事可能带来的一切。"

生活中经常有这样的事情发生，当我们在准备演讲时不断提醒自己不要忘词时，等我们站在台上那一刻就会发现大脑一片空白；当我们不断告诉自己今天要带伞时，等跑到楼下的时候才发现自己又忘记带伞了……

斯坦福大学的一项研究表明：人的大脑中存在的某一图像，会像实际情况一样刺激人的神经系统。当你不断在脑海中重复自己可能出现的窘境时，其实就是在给自己发出某种暗示或预想，而这种行为往往会导致失败的出现。

在一场足球比赛中，一名前锋突破防守，将球带到靠近对方禁区的地方。在他面前，对方只有一名门将，射进这一球轻而易举，他想起曾经一名记者对自己的嘲讽："当你感觉踢出门外不好的话，就把球往球门里踢。"他仿佛听到了观众们的呐喊，看到了队友向自己奔跑的样子，他不会再失误了。他抬起脚，大力射门，却意外将足球踢到了门框外。

从心理学角度分析，瓦伦达效应的产生源自内心的脆弱。你越是无法承受失败带来的后果，就越想要通过成功来证明自己。于是，在一定要将事情做好的欲望驱动下，你反而会更在意结果。你幻想中的成功后外界的鲜花与掌声，失败后外界的嘲讽与轻视，都是内心压力的来源。在重压之下，你渴望成功的动机太强，反而不能保持一种平和的心态，从而不能真正将精力投入所要完成的事情当中。

法拉第曾说："拼命去换取成功，但不希望一定会成功，结果往往才会成功。"当我们在做一件事时，对事情的结果太过在意，对他人的评论太过在乎，反而会忽视事情本身。所以，当我们想要把事情做好时，应以平常心对待结果，与其去担心还没发生的事情，不如专注自己正在做的事情，这样反而会得到更好的效果。

那我们该如何避免瓦伦达效应，发挥自己的真正水平呢？

### 1. 看淡结果

无论做什么事情，保持一颗平常心是最重要的。很多优秀的人往往更专注于做事的过程，而对结果反而不太在意，这也使得他们内心越发强大，在人生路上走得更加轻松。

### 2. 避免外界干扰

如果我们在做一件事情时，总是想着成功后的喜悦和赞美，或者失败后的痛苦与嘲笑，那么我们在完成这件事的过程中就会不断受到外界的干扰与影响，从而增加自己的心理负担。当我们变得畏首畏尾，不敢尝试，失败就成了一个必然的结果。

### 3. 专注

控制好自己的情绪是内心强大的表现。专心做事会让我们的注意力更加集中，不会将心思关注在其他方面，从而使

我们的能力得到最大限度的发挥。

《论语》中曾记载："季文子三思而后行。子闻之曰：'再，斯可矣。'"季文子遇到事情时总是要考虑很久，孔子劝诫说："考虑两次就可以了。"我们在遇到事情时考虑周全并没有错，但也要适可而止，不要让自己的胡思乱想分散了注意力。成功并不是完全凭借思考取得的，而仍需要我们在实践中不断努力。

# 3

## 应该式思维：现实与理想的差距让你心生怨恨

生活中有一个很有趣的现象：当一个人拥有出色的能力或成就，却未能收获相应的尊重与关注时，他会产生愤怒、沮丧等负面情绪，比如因没有收到大公司的 offer 而感到心中不平衡。这其实就是一个人的应该式思维在作祟。

应该式思维可以解释为：一种以想象中的规则去衡量现实的思维方式。当现实与想象中的规则不相符时，我们就会产生怨恨、焦虑等负面情绪。

林语畅刚刚成为一家公司的新员工。在她眼中，身边的同事都十分友善和热情，唯独一个同部门的搭档对她颇有敌意。当她因业务上的难题向对方请教时，对方总是摆出一种高傲且冷漠的姿态，不愿耐心地给予帮助。

林语畅感到很生气，心中很不平衡，认为对方不过是比

自己早一点参加工作，有什么好神气的。于是，她暗下决心，一定要在业务能力上超过对方，让她没有理由看轻自己。后来，林语畅确实取得了很大的进步，业务能力也更上了一个台阶。但是，当看到对方做出一番成绩之后，她心里依然会很难过，甚至会产生焦虑和沮丧的情绪。

对于以上案例，从心理学角度分析，她的应该式思维体现在三个方面：认为所有人都应该喜欢自己；认为别人不喜欢自己，就应该超越他；只有超越对方，才能体现自己的价值感。正因为这种思维模式的存在，她才会在日常的工作和生活中，不断讨好别人或和别人过度竞争。

“应该式思维”中的“应该”，代表着一个人对不可控事物的不切实际的期待，如“所有人都会喜欢我们”。这种思维模式会导致我们对自身不可控因素的盲目自信，使固有思维产生僵化。

那么，有人就会问：“难道追求优秀、追求高薪不是一种积极向上的表现吗？”实际上，我们要分清“应该式思维”和“希望”的区别。“应该式思维”指的是：你未能获得优秀的成绩，从而陷入过度的负面情绪，指责对方有眼无珠，怨恨社会的不公；“希望”指的是：尽管没有达成目的，你却坦然接受现实，继续追求自己的目标。二者的根本区别在于，在心理上是否以自身制定的规则去替代现实中的规则，是否能够容忍现实与理想的差异。

“应该式思维”不仅是在为难别人，更是在为难自己。

网络上所说的"假装自己很努力"其实就是"应该式思维"的产物。就像当你看到身边的人一个个能力出众的时候，会在"应该式思维"的引导下进行漫无目的的努力，认为"虽然不知道自己想要做什么，可是那些成功的人都是很努力的，所以我也应该努力"。比如购买大量的书籍，包括英语口语训练、情商、运动、中医养生等。但你的内心并没有特别想要做成的事情，只是单纯地认为努力一定是对的。

其实，很多时候，你只是在单纯享受自己努力的状态，却根本没有明确的目标。那些真正努力的人，他们会在努力之前设定一个目标，然后再将所有的精力都投入进去。

"应该式思维"的产生，源自我们的内心不愿承认，很多事情我们无法控制。但是，我们要知道，地球不会因为某一个人而停止转动，生活也不会因我们的喜怒哀乐而改变。那我们该如何避免"应该式思维"？

## 1. 接纳不可控因素

我们要改变自己的思维方式，努力控制自己能够掌握的事情，并且放弃试图控制不可控因素的想法。以面对一件事情为例，分清其中的可控因素和不可控因素，将精力集中在你能够控制的部分。

## 2. 给自己一个明确的目标

不要让社会的规则和他人的期待束缚自己的想法。当我们产生"我应该……"的想法时，为自己树立一个明确的目标，而不是一味地沉迷在努力的状态中。

比如，将"我应该学英语"变成"我想要学英语"。把在现实中随波逐流的状态转化成一种试图拥有或掌握的决心。

我们有时候会感叹："理想很丰满，现实很骨感。"是不是接受事实，随便找一个理由搪塞自己就能逃避内心的脆弱？其实，接受事实只是我们要走的第一步，当理想与现实的差距无法直视时，我们不妨静下心来，找到自己能够切入的点，努力缩短理想与现实之间的差距，从而开启自己的新征程。

# 4

## 过度概化：别把一次负面经历变成宿命

有的人在经历一次失败之后，就对人生失去希望，将失败认为是自己一生都无法逃脱的宿命。其实，这就是一种"过度概化"的心理。也就是说，将一件偶然发生的坏事情的影响不断扩大，甚至认为这就是整件事情的最后结果。

每个人都不喜欢失败，但仅用一次失败就来定义人生，未免太过草率。"过度概化"的心理，无疑会让我们陷入消极情绪的陷阱之中，从而对生活失去希望。

从前，有一个农夫养了一群羊，结果被一个教徒骗走了好几只。农夫非常愤怒，在以后的日子里，一旦看到有人和教徒来往，就告诉对方，这些教徒都是道貌岸然的家伙。

有一天，一个传教士来到农夫的农场，说要买一只羊。然后，他挑了一只非常瘦弱，看着就不太健康的羊。

农夫很奇怪，于是问道："你为什么要买一只病羊呢？"

传教士笑着说："我要将这只羊拴在我家门口，告诉所有过路的人，这只羊是从你的农场里面买的。这样，大家就会认为你这里的羊都是这样的。"

农夫听了，很愤怒地质问传教士为什么要这样做。

传教士说道："这不是你一直在做的事情吗？"

"过度概化"的心理会导致人们将本无内在联系的特征联系在了一起，断言这种特征必然会出现在其他方面，尤其是在遭遇失败的时候，这种心理会更加强烈。

奥地利心理学家阿德勒曾提出一个心理学概念，叫作"吞钩现象"，这是基于一个有趣的现象：鱼儿在咬钩之后，越是疯狂地挣扎，鱼钩就越陷越紧，越是难以挣脱。人生当中又何尝不是如此，每个人都不想品尝失败的痛苦，就如鱼儿不想被鱼钩挂住。但我们也知道，没有谁可以生下来就能成功的，失败是在所难免的。所以，如果不能正确而积极地对待失败，那么将会不可避免地遭受更大的失败。

我们都希望很容易就能获得成功，对于失败难免会心有抵触，无法接受。当事情失败了，只是在告诉我们此路不通，另想他法。假如有了这样的认识，我们对于失败的抱怨就会减少许多。

贝多芬从小家境贫寒，还在 26 岁的时候失去了听觉，但他并没有因为一次痛苦的遭遇而放弃自己的音乐之路，反而发誓"要扼住命运的咽喉"，最终成了维也纳古典乐派代表人物之一。南朝的祖冲之，1500多年前，依靠一片片小竹片，进行了大量的演算，成了世界上第一位把圆周率精确到小数点后第七位的数学家。失败是人生的常态，成功不是偶然，是无数个偶然造就的人生必然。

人们常说："失败乃成功之母。"很多时候，失败一次并不可怕。无论做什么事情，每个人都有失败的可能。你并不需要将其看作自己人生的最终结果。很多时候，一次失败反而可以增长你的经验。正确地对待失败，你才能够找到失败的根本原因，进而解决它。

当我们为失败而感到沮丧时，我们不如想一想，难道从一开始到现在，我们没有一点欢乐的时光？也没有一点成功的经历？回忆一下以前成功时的喜悦，也会相当程度上提升我们的自信心，让我们认识到，现在的失败也只是一时的。生活中，没人能保证每个人的每个抉择都是正确的。并且，许多失败并非因为自己的能力不够，只是运气不佳而已。假如我们一直深陷于固有的失败中，我们或许就会采取一些更激烈的手段，孤注一掷，就像一个赌徒，输了一次后，即便借钱也要赢回来，最终越输越多。那样的话，或许失败真的就越来越多，离成功就越来越远了。

内心强大的人，不会因为一次失败而垂头丧气，他会努力分析失败的原因，再次挑战。在生活中，第一次尝试就能

获得成功的事情毕竟是少数，很多事情都是在不断失败、不断尝试的过程中获得成功的。其实很多时候，终点就在我们前进路上的下一站，如果我们不愿再尝试，那我们也许就再也没有到达终点的机会。所以，面对失败，我们不要急于否定自己，多尝试一次，就会多一次接近成功的机会。放弃只会让我们变成一个对自己、对现实绝望的人，而坚持往往会让我们走向成功，赢得他人的鲜花与掌声。

# 5
## 完美主义思维：苛求带来的挫败和沮丧

完美是人生中的一个美好愿景，很多人都期望在生活、工作、感情等方面不留遗憾，于是，拼尽全力去追求完美。但是，世上本就没有真正的完美。我们对自己的苛求往往会令自己疲惫不堪，最后导致我们在失望中迷失自己。

钱文悦是一个典型的完美主义者，她经常为此感到烦恼。她经手的任务一定会付出全部的努力去完成，甚至在客户那边也获得了很多赞誉，由此成了领导信任的员工。

因为不出乱子、办事谨慎，领导提拔钱文悦做某项目负责人，专门盯紧项目的进程和质量，就在这时，完美主义思维成了她工作的绊脚石。她花费大量时间和精力进行方案策划，一个接一个换，目的是找到最完美的方案。最后到了收工阶段，她又会从头到尾过一遍，发现瑕疵后，又是一通改动，以时间为代价必然出精工细作，却耽误了任务规定的完成时间，让客户颇有微词。

自己团队的业绩总是垫底，手下的员工也开始表露出不满情绪，钱文悦陷入了深深焦虑中，最终不得不辞去项目负责人职位。

从心理学角度分析，完美主义是对完美的一种极端追求。因所设定的目标不切实际，而很难达到期望的状态，这时，他们就容易将"不完美"与"失败"联系在一起，心里产生挫败感，变得沮丧。

苛求自己必须完美的人，大部分有一种病态"耻辱感"心理。他们自卑、多疑、多虑、喜欢竞争，并且极度敏感狭隘，在他们眼里几乎所有人都是他们的竞争对手。因此，他们不管做什么都力求完美，他们妄图通过完美来证明自己的优秀和强大。

实际上，完美主义是一把双刃剑，过分追求完美在精神和感情上毫无裨益，只要稍微存在不完美，就会不自觉地引起焦虑和恐慌，这一点在日常工作中尤为"致命"，又可以称之为"害怕不完美"。正如一位哲学家所说："完美是一种毒，它在一点一点地侵蚀着你的灵魂。"

20世纪70年代，美国的心理治疗界曾发现一种现象：接受治疗的患者大多是成功的商人、艺术家、医生、律师和社会活动家，他们拥有着超强的工作能力与技巧，但他们的努力并未给他们带来所期待的幸福生活。心理学家发现，这

些患者具有一种共性：他们的成功并不能为他们带来成就感，反而使他们在不断追求的过程中深陷无价值感和自卑感中。这种完美主义思维带来的苛求，绝大多数源自童年的家庭教育。他们的父母为他们树立的标准太高，在任何情况下，都是以指责或贬低的方式作为激励的手段。于是，这些患者会逐渐养成自我挑剔和自责的习惯，在工作和生活中更容易感到挫败和沮丧。

其实，接受自己的不完美，才能真正体会到人生的意义。有一个名为"丢失的一片"的故事：一个圆圈被切掉了一部分，它很焦虑，为了保持完整，每天四处寻找丢失的那一片。由于失去了一部分，圆圈走路不能够像以前那样快，只能慢慢地来。这让它感觉很不高兴，它认为自己失去了以前的英姿飒爽。于是，它非常着急地寻找了很多不同的配件，但是没有一个能够完美地与它相配。它只能将其弃置路旁，继续寻觅。

在这个过程中，圆圈发现了一个自己之前从来没有注意到的世界。由于只能慢慢地走路，它发现路边开的小野花是那么可爱，每次欣赏了之后它才会再次上路。当黑夜降临了，它便与蛐蛐"谈天说地"。当太阳升起，它又有闲情逸致去欣赏太阳的温暖和热烈。

最终，它找到了非常完美的另一片，为自己再次变得完整而感到高兴。圆圈高高兴兴地上路，发现它现在滚动得非常快，再也没有闲暇时间去欣赏花儿的美，也没有时间去和蛐蛐倾诉心声。每天来去匆匆，没有了以前的闲情逸致。于是，圆圈停了下来，将那个配件放在了路边，再次开始慢慢地滚动。

完美也许正是一种妄想，很多时候，追求完美反而会丧失生命的真谛，会和原本正常的生活相违背。正如一位哲人所说："一味地追求完美，反而会使自己离生活越来越远。"

那我们该如何调整完美主义思维？

## 1. 接受瑕疵

世界上没有绝对完美无瑕的事物，盲目追求一个虚拟的境界只会徒劳无功。学会接受瑕疵，换一个角度看待问题，正因为失败令你感到沮丧，你才要付出更多的努力，珍惜所拥有的一切。失败和成功一样，也是构成你丰富人生的一部分。千万不要因为一件事情不能做到尽善尽美而变得自怨自艾。

## 2. 正确认识自己

正确评估自己的能力，避免不切实际的完美成为你前进路上的阻碍。不要对自己太过苛刻，做任何事情，只要对得起自己的付出，不要太过在意他人的眼光与评价，否则一旦遭遇挫折就容易一蹶不振。

杭州灵隐寺门前有一副对联："人生哪得几如意，万事只求半称心。"完美不可能达到，再大的成功也总让人觉得不够完美与彻底，正是这份不完美，使得成功带来的效果不会

陈腐破损。一旦事物发展到了至善至美的地步，一定会走向僵化、衰退。

如果可以放下心理负担，不苛求完美，便再也不会受制于"这不行，那不行"的纠结，同时，允许有不完美就是给自己一个成长机会，很多事情也变得更加容易推进。

# 6
## 非黑即白：让你看不到更多可能性

在一场辩论赛中，每一个议题都会有正方和反方。每一方只能坚持一个角度，再找相关论据，并驳斥对方立论上的不足。但我们不能认为，最后一方的胜利就代表他们的观点就是对的，另一方就是错的。

现实中的很多事往往在不同的方面都有一定的道理，如果我们总是以一种"非黑即白"的思维审视所有的事情，不免太过主观，往往会令自己丧失更多的可能性。

何莉莉怀疑自己的老公出轨了，向自己的男闺蜜倾诉，让对方给她分析一下。不承想男闺蜜听完她的话之后，直接劈头盖脸地骂道："你说你都多大了？怎么这点判断力都没有？他的聊天记录上都已经清清楚楚表示他在和另一个女生暧昧，这样的男人怎么可能真心爱你？你居然还傻乎乎地认为他是爱你的？如果他爱你怎么可能舍得这样伤害你？"

何莉莉始终不愿相信，解释说："可是他一直很心疼我，每天照顾我的饮食起居，当初我怀孕的时候，他到处打听怎么炖汤给我补身体。连他婚前的房子都硬加上了我的名字，所有纪念日他都会提前准备惊喜。我觉得他应该不会抛下我不管。"

男闺蜜生气地说："那是过去，他已经那样对你了，再过几天不知道会怎么样呢。我劝你最好收集好证据和他离婚，免得以后受到更大的伤害。"

"非黑即白"是一种太过绝对的思维。这种思维，每个人或多或少都会有一些。我们在审视其他事物时，追求简单并没有错，但一味地追求简单，会剥夺我们独立思考的能力，阻碍我们深入了解事物的本质。同时，会使我们忽略处境的复杂，并打消我们寻找其他解决方式的想法。

在生活中，我们会面临各种各样的选择题，但并非所有的问题只能有唯一的答案可供选择。跳出"非黑即白"的思维模式，我们在面对选择的时候就不会感到"两难"甚至"多难"了。

有一家公司在招聘员工时，提出了这样一个试题：

在一个炎炎夏日，你开车经过一个车站，发现有3个人在苦苦等公交车的到来：一个是抱着一个正在发烧生病的孩子的妇女；一个是正要着急去机场赶飞机出差的你的上司；还有一个是你想要追求的同事。而你的车只能容得下一位乘客，你会选择承载谁？

选择载谁都有一定的理由：选择抱小孩的妇女，是因为

觉得人命关天，孩子的病情更重要；选择送上司，也正是自己好好表现，争取升职的好时机；选择送心仪的同事，说不定就能更容易与其提升感情。

然而，有一个应聘者给出了这样的答案：把车钥匙交给上司，让他开车先把妇女送到最近的医院，然后再赶去机场。自己最后和心仪的同事一起等公交。

在很多时候，人们遇到问题的时候，总是会形成惯性思维，认为事情只有一个解决方案。但是，当你跳出"非黑即白"的思维模式之后，就会发现，想要解决这个问题，其实还有更好的方法。

那我们该如何跳出"非黑即白"的思维困境？

我们不要什么事都以自己为中心，什么事情都得自己亲自做。正如前面送人的例子那样，一般人都会陷入一个思维定式中就是"这是我的车，所以，这个车必须由我来开"。而如果能意识到，车由别人来开，我就可以解放出来做其他事，这样就可以两全其美。

多站在他人的立场、处境、价值观上想几个为什么，多从不同的角度看待每一个问题，不要让绝对的思维定式束缚自己的判断力。

就像这样一句话："无论黑猫，还是白猫，抓到老鼠就是好猫。"好猫的定义不应该是狭隘意义上的"白猫"或者"黑猫"，只不过是人们"非黑即白"的思维太过死板。微博上曾引发热议的两个视频中，一个以指责的方式帮助小贩的老板娘，被人们误认为是凶神恶煞的包租婆，一个帮助被诱拐儿童却让人误以为毫无怜悯之心的粗暴青年，故事的结尾都让人唏嘘不已。

每个人都有不同的生活阅历、知识水平，面对同样的问题，所处的立场，思考的角度不同，所采取的方式便可能大相径庭。但不代表一定是谁对谁错，谁是谁非。每个人的方法或许都有可取之处，也有不足之处。正如在技术领域，许多的新技术其实就是已有技术的重新组合，许多思想创新就是因为碰撞而产生的。

# 7
## 过度反刍：停止反复咀嚼痛苦

一个水杯，如果盛着一杯污水，把污水倒掉，才有空间盛装清水。人的心灵也同样如此。美国的托·富勒说道："记忆就像一只钱夹，装得太多就会合不上，里面的东西还会全部掉出来。"已经过去的事，一直纠结于心，不仅会使我们心情沉重、步履蹒跚，也会让我们对遇到的好事视而不见。

心理学上有一个"反刍思维"。"反刍"指的是重复思考事情的起因以及影响因素，是人在面对问题时所产生的一种本能反应。适度的"反刍"能够使人通过对问题的分析收获一些有价值的经验，避免以后重蹈覆辙。但是，你一旦进入过度"反刍"的思维模式，会陷入痛苦的泥沼中，无法自拔。

心理学

越王勾践在卧薪尝胆时，通过反复咀嚼曾经的屈辱与痛苦，不断激励自己发愤图强。当他成功复国，一雪前耻时，这些负面情绪也就烟消云散了，这就是适度的"反刍"。反观祥林嫂，一见到人就诉说自己的悲惨经历，整天沉浸在自己的痛苦中，成了人们眼中的"疯子"。这就是过度"反刍"带来的结果。

过度"反刍"会放大一个人的负面情绪。如果你不断回忆曾经某个痛苦的瞬间，就意味着一次又一次地体会那种糟糕的状态，从而使痛苦逐渐叠加。沉浸在昔日的痛苦中时，会将自己锁进封闭的内心世界，拒绝对外界的一切做出回应。而这种行为，会使内心的压力像滚雪球般增长，直至变得抑郁。

因为"反刍思维"的存在，我们会不断思考："为什么我每天都这么累？我是不是已经得了绝症？""他为什么没有秒回我的信息，是不是他喜欢上了别人？"长此以往，抑郁也会离我们越来越近。

社会调查显示，女性的"反刍思维"一般高于男性。心理学家曾对这一现象做出了解释：女性的生理原因、心理动力是造成"反刍思维"的一种便利条件。此外，男性与女性对负面情绪的处理也存在很大差异，女性往往会因为难过的事情而开始胡思乱想，而男性一般会因注意力被转移而消除负面情绪。而且，女性一般通过向他人倾诉烦恼达到排解压力的目的，但在这种分享负面情绪的过程中，她们很容易陷入其中，从而过度"反刍"。这也就是女性出现抑郁症的概率要高于男性的原因。

那我们该如何停止反复咀嚼痛苦，避免过度"反刍"呢？

## 1. 转移自己的注意力

当我们意识到自己正在重复体会曾经的痛苦时，马上停止这种没有意义的思考，做一些能够调节自己情绪的事情。如看书、运动、打游戏等。每个人调节情绪的方法不同，但只要是能够成功转移注意力的方法，都能够在过度"反刍"出现时，有效地阻断它。

## 2. 转化思维方式

当我们的脑海中出现一件令自己感到痛苦的事情时，与其让它不停地在大脑中滋生痛苦，不如以一种积极的态度去处理或倾泄。即使无法完全摆脱负面情绪的产生，我们也不至于深陷其中而变得心力交瘁。

生活中总有不如意之事，越反复咀嚼，伤感便越难以释怀。放下过去，并非完全忘却，而是不再执迷于过往。即便我们要吸取一些经验教训，避免同样的错误再犯，那我们的关注点也是在当前或者往后，而谈起过往时，心态也应该是平静、达观的。

心态上的乐观与否，选择权其实在我们自己手上，而非外界环境。有人说，乐观的人倾向于忽略坏消息，甚至对明明已经发生的坏结果选择"不相信"。"不相信"结果是坏的，

会增强我们的自信心，让自己面对困难时可以无所畏惧。只有始终保持自信心，保持希望，才会有心思考虑应对困境的方法，说不定最后还可以"反败为胜"。

即便最终结果仍然没有改变，我们也可以"输得有尊严"，面对失败也不觉得自己是无能而卑微。

虽然人生中的许多事都属于"开弓没有回头箭"，但是，一步走错，不代表一定会"满盘皆输"。莽撞冒进、不吸取经验教训固然不可取，但过于谨小慎微，优柔寡断，"一朝被蛇咬，十年怕井绳"的话，只会让我们错过更多的机遇。不管事情如何，仍需继续向前才对。

当时过境迁之后，我们最终也会发现原来的困苦也不过如此，终究会过去。就像许多人经历过失恋，当感情无法挽回的时候，是那么悲痛欲绝，觉得再也不相信爱情了。但最后，我们也会遇到另一位相伴终生的人。

其实，不仅伤心的事要随时放下，不要反复咀嚼；一味地沉浸于曾经的成功、辉煌和快乐中，也会让我们内心蒙蔽，错失当下。

据说，日本的一些企业在年终时，都要举办"忘年会"。在会上，没有领导发言，也没有先进表彰，只有一句简单的新年致辞：忘记过去，新的一年努力吧！荣誉也罢，挫折也罢，代表的都是过去，甩掉这些"行囊"才可以开创新的辉煌。

有些美好错过了，说明它们本就不属于你；有些人离开了，说明他们不是你的同路人。这不代表我们将一无所有，孤苦伶仃。得与失、成与败、聚与散的循环往复本来就是我们人生的常态。不念过往，不畏未来，安于当下，才能人生常乐。

# 8
## 情绪化推理：仅凭感觉做判断让你消极拖拉

人的情绪是影响认知的重要因素。不同的人从不同的角度，观察某一个事物，都会产生不同的印象和看法。事物的本质并没有发生变化，我们得到的结果只是自己内心情绪的体现罢了。

《菜根谭》中有这样一段话："人情听莺啼则喜，闻蛙鸣则厌，见花则思培之，遇草则欲去之，俱是以形气用事。若以性天视之，何者非自鸣其天机，非自畅其生意也。"这句话的意思是，很多人喜欢听黄莺的叫声，而讨厌青蛙的叫声，见到鲜花就想培育，见到野草就想拔掉，这只是根据某一事物的表象而做出的判断。但从一个自然生物的本质来看，哪一个生物不是按照自己的天性来发展的呢？而这种观点或行为的产生，只是源自一个人自身的情绪而已。

心理学研究表明，人在情绪波动时，无法进行理性决策。因为，当一个人的情绪比较激动时，大脑皮层的理性部分是停止工作的，也就是只能依靠下意识的冲动和思维习惯来判断。如果你长期处于情绪化的状态，不能合理地管理情绪，

就很容易发生情绪化推理。

情绪化推理是指：以自身情绪作为评价外界事物的依据。你的理性认知受限于当下的情绪体验，当心情好的时候，你会认为周围的一切都格外美好，当心情不好的时候，你就觉得整个世界都昏暗无光。但这种推理方式是一种误导，你的感觉只是反映了你的想法和信念，如果它们是消极的，你做出的判断就可能失去正确性。

孙莉有着稳定的工作和幸福的家庭，是周围人眼中的幸福女人，但她很难控制自己的情绪。当她没有在人际交往中表现挥洒自如，她就会变得格外沮丧，在这种情绪的作用下，她经常给自己下一个极端的判断，认为自己很笨，将自己看成一个蠢货。

有一次，她因为堵车而迟到，心中异常烦躁。而此时，一个同事为她的方案提出了几点建议，她感到十分愤怒，认为对方是在刻意针对她，明明部门会议通过了自己的方案，对方却跑来指手画脚。她当即拒绝了对方的建议，并冷嘲热讽了一番。同事一头雾水，自己只不过提了一点建议，她至于发这么大脾气吗？

情绪化推理的常见表现，就是会变得消极拖沓。比如房间的垃圾已经很久没有清理，是因为你在潜意识中暗示自己：这些乱七八糟的家务，我一看到就感到烦躁，看来很难打扫干净，那么就不如不做，等以后再说吧。但实际上，这种清洁工作并没有你想象中那么困难，你只不过是习惯于让消极的思想引导你的行为。

情绪化推理的产生，源自童年时期外界的影响。一种情况是：你所处的家庭对情绪的认知是空白的状态，父母和身边的人并没有察觉情绪、管理情绪的意识，于是，你就无法具备这种意识；另一种情况是：你被父母过度保护，以至于无法自我反思，丧失对情绪管理的意识。当你出现愤怒、沮丧等情绪时，你会意识到情绪的到来，却无法主动约束，任由这些情绪泛滥，自己沉浸其中。

一个优秀的人，往往是情绪管理的高手，能够在不动声色中掌控内心的情绪波动。如果你无法管理自己的情绪，会由于过于情绪化而影响自己的正常生活，给自己带来很多麻烦。

那我们该如何管理情绪，避免情绪化推理的产生呢？

### 1. 正视内心的感受

不同的情况，出现的情绪强度也不同。当我们出现情绪波动时，我们可以通过问自己"此刻我是什么样的感受""对方的拒绝是否令我真的难过"等问题，来确认内心的真实感受。在确认自己情绪的过程中，我们能够感受到情绪给我们带来的变化，从而更有效地管理情绪。

### 2. 接纳自己的情绪

一种积极的情绪，能够促使积极行为的产生，而消极情绪，很可能会引导我们做出不理智的决定。但无论哪种情绪，

都是我们心理的一部分。当我们出现负面情绪时，不要一味地听之任之，我们要学会接纳这种情绪，并通过合理的方式进行宣泄。比如向自己信任的朋友、家人适当地倾诉，通过运动等消耗体能的方式调整自己的情绪等。

### 3. 肯定自己

当我们发现自己做得不够好的时候，不要自怨自艾。只要相信自己、肯定自己，就能产生巨大无比的力量。尤其是容易情绪化的人，一定要学会激励自己，充分发挥自己的创造力，体会成就感。

对我们而言，情绪化不可怕，可怕的是不愿面对情绪，拒绝管理情绪。以积极的心态，去面对自己的情绪问题，在冲动之前为自己建立一道情绪的防火墙，这样你就不会被任何负面情绪打倒。

# 9
## 灾难化思维：避免无限夸大不良后果

心理学家认为，当人面对困境时，最能让人变得无力的思维就是"灾难化"。"灾难化"思维指的是，将遇到的一切事情看作灾难，或者基于最小的征兆做出最糟糕的假设。

比如在面对某些困境时，发出"天哪，我一定是世界上最不幸的人""这简直是世界上最糟糕的事情了"之类的感叹。在不断给自己暗示的过程中，使自己的自信心持续受到打击，从而导致事情往更坏的方向发展。

一天晚上，一位司机在一条乡间小路上开车。突然，车子轮胎爆胎了，他在更换轮胎时，发现自己没有带千斤顶。于是，他打算到不远处的一户人家寻求帮助。

他一边走，一边在心里盘算着："如果没有人来开门怎么办？""如果对方没有千斤顶怎么办？""如果对方认为我是坏人，拒绝我怎么办？"……他越想越急躁，越想越愤怒。等到那户人家开门时，他大声朝着对方喊道："不借就不借，你自己留着用吧。"

我们是否也总会把事情往坏处想，每天都处在紧张、猜疑、担忧的情绪中，从而觉得生活一点儿都不快乐。这其实就是一种灾难化思维。时常怀着灾难化思维的人，往往将事情的后果想得非常严重，甚至对将来不可能发生的事也做最坏的打算，从而让我们的情绪不稳定，本来力所能及的事情往往因为想得过多，反而做不到了。

有一年的美国网球公开赛第五场半决赛。在经历了 4 个小时史诗般的对决后，费德勒只需要再获得 1 分就能击败年轻的对手德约科维奇。

然而，当费德勒往德约科维奇的右侧迅速用力发球后，他发现自己陷入了进退两难的境地，德约科维奇将他的发球以一种致命精准的正手回击过来，费德勒没能接住，德约科维奇的冷静使人群激动不已。约翰·麦肯罗称德约科维奇的这次回击为"史上最棒的击球之一"。最后，德约科维奇赢

得了整个比赛。在后来的新闻发布会上，费德勒表示，自己之所以输了是因为德约科维奇"幸运的一击"。在网球运动中，确实有某些球员就是这样赢的。

在过去的两年里，费德勒没有赢得大满贯的原因并不是由于身体原因，而是在关键时刻出现的心理脆弱问题。用体育界行话表示，他被"哽住了"，这是由于费德勒过度考虑坏结果导致的。

一名运动员在关键时刻出现失误，往往是由于他们对胜负的结果考虑得过多，从而失去了胜利所需的灵活性。也许费德勒在内心深处意识到他的对手使用了一种很重要，但自己一直以来都无法学会的能力：关键时刻不去过度思考结果的好坏。

即便考虑到了最坏的结果，但是我们觉得胜券在握，胸有成竹，最坏的结果我们也能应付。这样的话，倒也没有什么妨碍。所以，当我们因为过分想象最坏的结果而心生焦虑时，是因为我们想的是一种逃避的应对模式，事情还没开始就想逃避，甚至事情不可能发生就先从内心深处想着逃避。除了往不好的角度考虑过多外，这样的人平时多半缺少足够的独立性以及自信心，对有些可能发生的事，害怕自己没法应对，所以需要调用全部的能量来应对这些不安。

针对这种情况，除了不要多想不好的结果外，平时在做任何事情时，也要培养自己坚定的自信心以及提升解决相关问题的能力。这样，即便是最坏的事情发生了，我们也不会过于焦虑不安。久而久之，也就不会再去想最坏的结果了。

"积极心理学之父"马丁·赛利格曼把永久的、普遍的、个人化的定义为悲观的表现；把暂时的、特定的、非个人化的定义为乐观的表现。比如：同样的一件"我这次数学没考好"这件事。悲观的解释就会是"我永远学不好数学，我脑子太笨了，我学啥都不行"；乐观的解释则是"这次数学没考好，是因为我有些贪玩了，没用心学习，只要专心一点，就可以赶得上。"

摆脱"灾难化思维"的根本方法在于建立"反灾难化"思维。"反灾难化思维"指的是站在客观的角度上看待事件与问题，用积极的心态面对事件产生的后果。

如果我们一直陷入"灾难性思维"中无法自拔，幻想中的最坏结果说不定就会真的出现，因为我们丧失了转变的信心和动力，从而将错就错，破罐子破摔；反过来，假如我们怀着积极的态度面对失败，我们就会去寻找改变不好的结果的方法，最后，这件事情也就到此为止，不会再恶化了。

很多事情出现最坏的结果，往往是一系列的条件都具备了才可以实现，每一种最坏的结果也只是"万一"才会出现的。即便遇到了一次"万一"，再遇到其他的"万一"的概率更小了。即便有些事，结果未可知，但我们也应该将自己当作生活中的幸运儿，那些不好的结果不会再次发生在你的身上。

# 10
## 负性注意偏向：别只关注坏的一面

人生就像过山车一样，不会一直停留在顶点，也不会始终爬不出低谷，往往是一个快乐与痛苦交替的过程。但是，相同的苦与乐，乐观的人会保留生活中的美好印象，而悲观的人会过滤生活中的美好，留下痛苦的回忆。

周薇最近遇到了一件烦心事，她被公司派遣到南方出差。炎热的气候让从小在北方长大的她非常不习惯，更为糟糕的是，她需要在这里工作半年的时间。

没有了交通便利的地铁，她只能挤公交车上班，稍有不慎就会迟到；公司里的同事更喜欢说当地的方言，导致她在公司的交流出现困难，增加了开展工作的难度；无法快速融入身边的人际圈子，也会让她感到孤单……

周薇心想，是不是自己哪里得罪了上司，自己才会被派到这个偏僻的地方来。

情绪消极的人，在生活中总是会看到坏的一面。比如同样地面对晨曦，消极的人会说"天还是这么黑"，从而变得闷闷不乐；而积极的人则会说"太阳正在逐渐升起"，满怀期待地迎接日出。从心理学角度分析，当一个人处于负面情绪中时，由于情绪一致性效应的影响，他会优先注意负面信息，从而引发负面情绪，继而加重对负面信息的注意偏向，形成恶性循环。

当一个人长期处于负面情绪中，他的认知能力会受到干扰，在做任何事情时都不自觉地过滤积极信息。在负面情绪的引导下，他的内心便会形成一种无可奈何的不作为情绪，从而分散自己做其他事情的精力，将自己困在负面信息之中，甚至在给他人的倾诉中都充满了强烈的负面情绪。这种自我暗示，会严重挫伤一个人面对困难的信心，令他变得畏首畏尾，踌躇不前。

如果我们能够将自己在逆境中只看到消极信息的固定思维，转向多思考一下其存在的合理性，想方设法去解决这个问题，而不是任由其发展、自此消沉下去，如此，充满正能量的调整和心理暗示会让你在前进的路上无往不利。

当我们把注意力集中在有意义的事情上，就像黎明前的阳光，消极的黑暗面自然就可以被我们屏蔽。当然，这不是让我们故步自封，对自己的缺点、不足视而不见，放任自流。适当地了解自己有所不足，有助于自己的不断进步。然而，如果只关注自己的不足，将其与他人的优势做比较，自己终究会变得"一无是处"。

一天早晨，一个园丁在他的花园中巡视，发现所有的花草树木都枯萎了。他非常诧异，就逐个询问这些花草发生了什么事情。

门口的橡树说，自己因为觉得没有松树那样坚韧挺拔，便生出厌世之心，不想活了；而松树又恨自己不能像葡萄藤那样结出甜美的果子，也变得沮丧；而葡萄藤也因为自己不

能直立而伤心……

　　生活中不会有十全十美的人，也不会有十全十美的事物。所谓"过滤"消极的一面，不是竭力地把不足的一面剥离，只留下美好的一面，而是关注美好的一面，也要允许不美好的一面存在。如果刻意屏蔽不好的一面，实际上我们的注意力仍然放在了不好的那一面。听起来像是让我们戴着一副有色眼镜看待我们的生活，只不过这副眼镜是积极的。古希腊哲学家苏格拉底曾经和几个朋友居住在一间只有七八平方米的房子里。友人认为他居住的条件太差了，他说："朋友们住在一起，随时可以和他们交流感情，不是一件很高兴的事吗？"

　　几年后，房子虽然变大了，却只有他一个人在里面居住，有人问他会不会感到寂寞，苏格拉底回答说："我有很多书啊，每一本书都是一位老师，和这么多老师在一起，不也是很高兴的事情吗？"

　　后来苏格拉底住的房子更是多层的楼房。在一楼的时候，他说："一楼方便，可以在空地上种种花。"搬到顶楼上之后，他则说："顶楼光线好，白天晚上都安静。"

　　在生活中，我们可以向苏格拉底学习，关注事物中积极的一面，生活就会是快乐而充满阳光的。

　　古语有言："知足常乐。"当我们过滤生活中消极的一面，珍惜当前积极的那一部分，我们对生活才会充满信心，心情才会愉快。而愉悦的心情也会让我们拥有清醒的头脑、缜密的思维来面对以后的生活，即便再遇到一些困境，也不至于深陷其中。

# 第六章　脆弱背后的心理防御机制

# 1

## 否认：当作没发生，来获取心理上的暂时安慰

否认是一种原始且简单的心理防御机制，指的是通过扭曲个体在创伤情景下的想法、情感及感受，来逃避心理上的痛苦。或者对不愉快的事件进行否定，当作它没有发生，来获取心理上暂时的安慰。

心理防御机制中的否认行为，能够使人获得短暂的心理安慰和平衡，不至于突然承受巨大的压力和痛苦，导致精神崩溃，达到保护自己的目的。

一般来说，内心脆弱、阅历浅薄的人，会下意识地使用否认机制。比如小孩子不小心打碎了花瓶，会下意识地用手将眼睛蒙起来；员工在上班时间玩手机，被领导发现，谎称自己只是在看时间，等等。之所以否认，是因为一旦承认问题的存在，就意味着我们不得不去面对或处理与之相关的问题，而给自己带来痛苦的体验。

李文喜是一个孤寡老人，他的儿子在几个月前去世了。但他每天一如既往地准备一大桌子菜，等自己的儿子回家吃饭，每次都要等到晚上 12 点才肯去休息。他总是一边收拾碗筷，一边安慰自己："儿子今天一定是太忙了，才没有时间回来的。"

身边的亲人和邻居曾经劝慰过老人，却被他痛骂一顿。他的内心始终不能接受儿子已经去世的事实，只能不停地欺骗自己，让自己心存一丝希望。对他而言，那一桌饭菜就是儿子未曾去世的希望和证据。

　　否认机制在一定程度上能够帮助人们适应当下的环境状态，产生积极的效果。心理学家拉扎勒斯研究发现，当一个病人即将动手术时，如果他否认病情，坚持自己的错觉，会比那些熟知手术情况，精确估算痊愈情形的人要康复得更快。不过，这种否认机制并不适用每一种情况，更多时候，它会阻碍我们认清事实本身。否认越多，我们与现实的接触就会越少，心理机制的运作就会更加困难。长此以往，在遭遇某些问题时，我们宁愿自欺欺人，也不愿让外界的任何想法进入意识中。

　　否定事实并不能使当下的处境发生变化，所以，否认机制只能暂时缓解压力，并不能解决实质问题，如果长期使用否认机制，遇到的问题可能会越来越恶化。比如当一位女士拒绝承认自己的乳房肿块是癌症的预兆时，长时间的逃避可能会造成更严重的后果。

　　白岩松在《痛并快乐着》一书中写道："生命原本脆弱，我们只能坚强地活着并寻找快乐。"人生中的不幸是无法避免的，与其否认事实，逃避痛苦，我们不如学会直面这些"不幸"，允许自己痛苦、抱怨，在一个不断适应的过程中逐渐接纳它们。

　　当痛苦袭来时，我们难免会做出一些不够理智的举动，这是人的一种本能，并没有对错之分。但是，无论你怎样否认、逃避，事实始终都摆在眼前，让你不得不去承认。与其在现实的逼迫下，一次又一次地忍受痛苦的折磨，倒不如鼓起勇气，坦然面对所有的事实，剧烈的伤心过后就把曾经的痛苦抛到一边，重新开始我们的生活。

　　利兹·维拉斯奎兹出生后不久，就患上了马凡氏综合征和脂肪代谢障碍，这让她身体里无法储藏脂肪，全身瘦成了"皮包骨头"。在她17岁的时候，偶然间点开了社交网站上的一个视频，视频的标题是《世界上最丑的女人》，没错，视频中的人就是她。

　　她并没有逃避与生俱来的不幸，反而坦然地接受了有缺陷的自己，甚至也开始学着去接受别人异样的目光。当街上有人盯着她看时，她会主动上前，友好地表达自己不愿意被人这样盯着看的意愿。

　　后来她把自己的经历写成了书，分享给那些同样经历着不幸的人，她勇敢地站在TED的舞台上讲述自己的故事。从她直面自己的那一刻开始，她的人生走向了一条上坡路，她从一个默默无闻的丑女孩，变成了一个励志的作家、演说家。

　　有时候，人的内心走向强大的转机就在你坦然地接受悲惨遭遇的那一刻。从你面对现实开始，你不再郁郁寡欢，不再否认逃避，而会以一种全新的态度、饱满的热情，在残酷现实的基础上开始新的努力。

坦然接纳人生中的不幸，是一种积极的人生态度。因为只有接受了，你才会想着去改变。更多的时候，我们并不是无法接受身边的人和事，只是因为畏惧痛苦而选择逃避。这个时候，如果你能够冷静下来和自己交谈，往往能够让自己审视事物的目光变得客观，从而使自己接受眼前的事实。

眼前的不幸，我们越是逃避，痛苦就会持续得越久远，唯一的正确做法就是直接面对。如此，在一件事或者两件事之间，你可能会感到无所适从，可是当你的经历足够丰富，你的心态就会足够坦然，所谓不幸也很难再侵蚀你快乐的心。

总而言之，不幸的事情就在那里，不管你有没有勇气，愿不愿意，都必须去接受，但只有主动而坦然地接受现实的人，才能拥有一个强大的内心。

# 2
## 移情：转移情感，把伤害降低到最小

移情是指：将对某个对象的情感、欲望或态度转移到另一个较为安全的对象上，而后者成为前者的替代品。通常当个体的情感、欲望或态度由于不符合社会规范、具有危险性或不为自我意识所允许时，为了降低内心的焦虑，移情机制就会启动，将它们转移到一个较为安全或容易被大家接受的对象身上。

心理学中有这样一个案例：

一对夫妇因感情不和而选择离婚，父亲获得了儿子和女儿的抚养权。由于工作关系，父亲只能将孩子寄养在爷爷奶奶家中。爷爷奶奶对母亲坚持离婚的态度十分不满，在不知不觉中将不满情绪发泄到与母亲相像的男孩身上，对他的管教非常严格，经常无缘无故地殴打他，但对女孩的态度完全不一样。

男孩感到心里不平衡而离家出走，经过父亲的劝解，男孩最终还是返回家中。但是，回到家的男孩出现了破坏家中物品、毁坏自己的衣服，甚至自残的行为。

移情也是心理防御机制的一种，它根据转移的内容，可分为替代性对象的转移和替代性方法的转移。这两种转移方式都会将自身的情绪和欲望，以相应的行为表现出来。案例中老人的行为就是替代性对象的转移，将对男孩母亲的不满情绪转移到了男孩身上；男孩则使用了替代性方法的转移，以毁坏物品甚至自残的行为来表达内心的反抗情绪。

移情也是心理咨询中最常使用的重要概念，指的是咨询者将对父母或曾经的某一个重要事物的情感、态度转移到心理咨询师身上，并相应地对咨询师做出反应的过程。在这个过程中，心理咨询师变为咨询者所选择的替代对象，并接受对方潜意识中的情感或情绪。如果转移的情绪为喜爱、仰慕等正向情感，则被称为正移情；如果转移的情绪为愤怒、憎恶等负面情感，则被称为负移情。

古人云："爱人者，兼其屋上之乌。"意思是喜欢一个人也会喜欢他房屋上的乌鸦，这就是一个正移情的表现。如果恰当使用移情机制，便能通过对方所喜欢的人或物，将对方倾注其中的情感转移到自己身上，从而建立良好的关系。

相较于正移情，负移情的现象更为常见。比如当一个学生受到老师批评时，会认为所有的老师都是不明事理的；一个被警察无故责罚的人，会认为所有的警察都是坏人。如果负移情的机制走向极端，会酿成极为严重的后果。就像有些人在生活中遇到了不公的事情，内心的情绪不断发酵，将这种情绪发泄在一个无辜的人身上。美国社会新闻就曾报道过这样一个案件：一个失恋的年轻人，对女友的离去心生怨恨，从而以残害他人的方式宣泄内心的愤怒，在他受到法律制裁前，他已经连续杀害了10多位与他的女友相貌相似的人。

而且，负移情对负面情绪的传染所导致的恶性循环有着推动作用。比如经典的"踢猫效应"：一位父亲在公司受到了领导的批评，将对领导的愤怒和不满情绪发泄在家人身上。孩子因为在沙发上乱蹦乱跳，遭到了父亲的臭骂，心中非常气愤，狠狠地踹了身边的猫一脚。猫逃到街上后，恰好遇到了一辆卡车，卡车司机赶紧避让，却把路边的孩子撞伤了。

对于移情这种心理反应，客观地来讲，无论哪一种移情，都很容易令人形成固定的心理定式，从而造成判断失误并可能产生成见或偏袒。

所以，我们要学会控制自身的情感和欲望。当你选择接纳自己的"坏"情绪时，它就像是流水一般流过我们的身体，以不同的方式发泄出去，并不会对我们的身体造成什么危害。

同时，还会强化我们对负面情绪的认知，积极地采取有效的措施和方法去改变你的现状。但发泄并不意味着当你被负面情绪包围时，可以迁怒别人，发泄在别人身上，这样很容易伤害到别人。你可以通过跳舞、跑步、逛街或者倾诉等，这些积极正面的方式去发泄自己的不满。尤其是运动，既能够锻炼自己的身体，也能够使不满随着出汗而消失。

研究发现，人体最主要的特征就是能够进行自我调节。当你有负面情绪的时候，积极接纳它，你的身体就会想办法去积极调节。相反，你如果一直逃避，不接受，你的身体接收不到你想要改变的信号，自然就会消极怠工。

当你愤怒想要发脾气的时候，不妨先深呼吸60秒钟，让被情绪控制的身体重新回到大脑的控制中，冷静下来。关键是，在这一分钟内，通过深呼吸可以将内心负面情绪引发的冲动平息下来，然后再想办法解决问题。

我们无法改变环境，但是我们可以改变自己的心境，学会接纳自己的坏情绪，这样，哪怕是在人生的沙漠里，我们也可以做一棵坚强的仙人掌。

# 3
## 文饰：减轻痛苦的精神胜利法

文饰：指的是当个体遭受挫折或无法达到预期目标时，而产生的一种心理防御机制。通常以一种看似合理的理由来为自己辩解，将面临的困境加以掩饰，用来隐藏自己的真实动机和愿望，从而达到缓解焦虑、维护自尊的目的。

一般来说，文饰可分为三种心理。

## 1. 酸葡萄

心理学中将因个体能力不足而无法达到预期目标，以贬低和打击原有目标的方式来降低内心的欲望、减轻焦虑情绪、获得心理安慰的行为称之为"酸葡萄心理"。也就是我们常说的"吃不到葡萄说葡萄酸"。

比如，一个学生没有被自己心仪的名牌大学录取，就安慰自己说："名牌大学也就那样，而且竞争激烈，说不定拼命学习都不能取得瞩目的成绩。我在一般的大学中学习，没准轻轻松松就能名列前茅。"

## 2. 甜柠檬

心理学中将当个体因受到某种阻碍而无法达成预期目标时，为了避免自身价值因此遭到贬低，维护心理平衡，退而求其次，强调自身既得的利益，将自己所拥有的事物看作最佳选择的行为称之为"甜柠檬心理"。换句话说，就是当我们吃不到葡萄时，得到了一个又酸又涩的柠檬，为了安慰自己，我们就将它视为一颗甜柠檬。就像生活中，我们遭遇了一些不如意的事情，为了减少内心的失望与痛苦，我们会努力强调事情美好的一面。

比如当一个人娶了一个相貌平平的妻子后强调她的善解

人意；当一个人嫁给了沉默寡言的丈夫后强调他的忠厚老实。

### 3. 推诿

推诿，是指个体将自身的缺点或失败，推诿于其他原因，让他人承担其过错。

比如，当一个人考试成绩很糟糕时，他不愿承认自己的能力不足，反而将责任推给老师，指责老师教得不好、阅卷不公、编写的考题超纲等。

以上三种心理的产生，源自当个体的真正需求无法得到满足而产生挫败感时，为了消除内心的负面情绪，来保护自尊心，他们会通过编造一些"合理"的理由来进行自我安慰，保护自己不受消极心理的影响。这些理由往往是不正确、不客观、不合逻辑的，但由于个体能够通过它们避免精神上的苦恼，减少失望情绪，从而在他们心中变得合理。

古人云："人生不如意事十之八九。"面对生活中的诸多力所不及的事情，文饰心理作为一种心理防御机制，在缓和内心焦虑或不安的情绪、降低精神负担、保持心理平衡以及防止因情绪激动而出现过激行为等方面有着积极意义。虽然文饰心理从心理健康角度能够为人们提供一定的帮助，但每一个事物都会有其两面性。如果当我们遭遇挫折或失败时，一味地用文饰心理安慰自己，就很容易走进一个误区。

就像鲁迅先生笔下的阿Q，总为自己受到的侮辱和不公平待遇寻求自我安慰。面对富有的赵太爷和钱太爷，他会说："我们之前比你阔得多啦！你算是什么东西！""我的儿子会阔得多啦!"面对欺负而无力还手时,他会说:"我总算被儿子打了,现在的世界真不像样……"文饰心理就像一支麻醉剂,使阿Q不能正确认识自己所处的悲苦境地,过着奴隶一样的生活,到死也没能觉悟。

因此,想要避免落入文饰心理的误区,我们可以通过以下几种方式做好防范。

### 1. 理解文饰心理的本质

我们要知道,文饰心理只是一种治标不治本的心理防御机制。它只能令我们在一段时间内维持自尊和心理平衡,避免因情绪激动而出现过激行为。就像降压药一样,血压上升时吃一片,瞬间见效。如果长期以这种方式抑制高血压,不仅容易使身体产生抗药性,而且很可能造成无法补救的情况。

同理,当我们遭遇挫折或失败时,一味地用文饰心理来安慰自己,很容易养成逃避现实的习惯,不敢踏出自己幻想的完美世界,变得日益消沉、不思进取,最终形成病态人格,影响自己的生活和身体健康。所以,文饰心理的弊端与积极效应相比,要更具危险性。

### 2. 正确认识自己

我们要对自己有一个正确的认知,并勇于直面挫折和失败。人生中的挫折和失败是在所难免的,如何正确地对待我们所遭遇的挫折和失败尤为关键。如果我们使用文饰心理安慰自己,只能获得短暂的安宁,却会丢失人生前进的方向。

如果我们直面挫折和失败，冷静地分析原因，总结经验和教训，虽然这是一个痛苦的过程，却可以为我们找到真正的问题所在，从根源上切除"病源"。

面对生活的挑战，我们只有沉沦和强大两种选择，要么一蹶不振、郁郁终生；要么迎着风浪，主动出击。挫折和失败是我们走向成熟和强大的必经之路，加强自己前进的动力，勇敢地面对挫折与失败，才能使我们的内心变得强大起来。

# 4
## 退行：保护自己的反成熟幼稚行为

退行是一种常见的心理防御机制，指的是个体面对挫折时，为了缓解内心焦虑和不安的情绪，从而表现出与年龄不相符的幼稚行为。这是一种反成熟的倒退现象，通过放弃比较成熟的行为方式，将自己置身于儿童的状态，拒绝应对挫折，恢复对他人的依赖，从而满足自己的某种欲望。

这种心理防御机制在各年龄段均有体现。比如，一个孩子，本来已经能够自行大小便，却突然出现了尿裤子、尿床等行为。原来，这个家庭新添了一个婴儿，父母将所有的精力都放在了弟弟身上，而无暇顾及能够自己照顾自己的哥哥。这时，哥哥感觉自己无法像从前一样获得父母的照顾，便出现了退行。

成年人也经常出现退行现象。比如一些成年人将全部的业余精力都花费在网络游戏上。因为网络游戏存在某些设定，与现实世界相比，他们更容易获得控制感，这能够弥补他们在现实生活中的不可控感和无力感，这就是典型的退行。

发脾气是退行的最普遍表现，个体通过哭闹来处理问题，而不是真正尝试去解决问题。这种行为的根源在于，孩子真的是需要通过哭闹、抵抗这些信号来获得帮助的。所以，像孩子那样发脾气意味着告诉别人：你必须帮我处理这个问题，因为我是个孩子。

暂时性的退行是一种正常现象。一个人在成年之后，会按照成人的方式和态度来处理问题，但在某种情况下，采用比较幼稚的行为反而会给生活增添不少情趣。比如父亲在地上假扮马被孩子骑、妻子向丈夫撒娇，等等。

但是，一个人长期以一种幼稚的方式处理任何事情，获得他人的同情与照顾，以避免面对现实中的问题与痛苦，那就是一种心理疾病。因为，退行机制毕竟只是一种逃避行为，而不是解决问题的方式，而且不成熟的行为会将所面临的问题难度加重。

张静由于从小被母亲严加管教，母亲蛮横无理的行为给她留下了深刻的印象，她从小就会对权威人士产生强大的畏惧感。张静长大之后成了一名中学教师，虽然能力很强，但在权威人士面前，她就变得毫无主张。

她在学校是一位很受欢迎的教师，但校长每次与她谈话时，却总是感觉她没有自信。因为，她不仅表现出惊慌失措，

而且当校长要求她做一件事时，她总是表示自己不会做，需要校长将详细的步骤告诉她。她的种种表现，在校长眼中，就像是一个愚昧无知的小女孩。

在退行行为产生的过程中，个体的欲望以一种退化的形式表现出来，在一定程度上歪曲和破坏了正常意识的作用和功能。因此，虽然退行机制能够帮助个体消除因外界干扰带来的焦虑状态，实现心理上的短暂平衡，但长期的退行行为会带来心理疾病。

如果个体直接表达欲望的冲动遭到环境的遏制，只能通过退行达到满足，而个体始终不能克服这种状态，长此以往，便会在个体心里埋下失衡的危险因素。比如在痛苦产生之前就感到紧张的焦虑性神经症患者；长期处于痛苦、抑郁的忧郁性神经症患者；长期遭受烦躁不安情绪困扰的不安性神经症患者等，都是因为长期退行行为而引起的心理机能紊乱。

当退行行为产生时，我们要慎重考虑自己为什么要设定这样一个目标，告诉自己，既然选择了前进，就不要辜负自己，不坚持到底怎么能知道自己是否具备足够强大的能力。更多时候，拒绝长大就是拒绝更好的人生。同时，我们也可以通过向他人倾诉，获得理解和支持，放下心中的顾虑，将内心的困扰宣泄出来。只要我们开口，就是对内心情绪的一种疏导和缓解。当我们敢于直面挫折时，就是我们的内心变得强大的时刻。

生活中很多人都有不自信的情况，因为在大众视野下心理压抑，找不到存在的价值，加之被别人残忍孤立，对自己的能力产生怀疑，于是他们开始向身边的人寻求帮助，进而形成认为自己一无是处的自卑心理。我们每个人来到世界上都是"特立独行"的，基因密码、指纹、思想，你是自己的"特产"。越是处于不利环境，越要自信展示自己的优点，不必因为某些不利因素而耿耿于怀，要到更广阔的领域去寻找自信坚强。

一旦认定目标，就只管风雨兼程。回头再望来时路，自己都会吃惊，这路真的是自己走过来的吗？明明有好几次都差点放弃，最后竟完成了以往感觉不可能完成的事。

# 5
## 淡化：弱化心理体验强度，顺其自然

"淡化"是指弱化心理体验强度，从而减轻心理负担的过程。简而言之，就是降低对外部信息刺激的关注度，弱化其对心理认知的影响。

比如当我们小心翼翼地与他人相处时，会产生很大的心理负担，很可能导致双方关系的僵化。但是，如果我们正常与他人交往，顺其自然，反而会相处得更好。这就是弱化心理体验强度的结果。

很多时候，我们之所以沉浸在焦虑或抑郁等负面情绪，就是因为在不断思考或追问中，强化了外界信息对心理体验

的刺激强度，从而进一步感到焦虑或抑郁。而"淡化"机制，就是要求我们顺其自然，允许内心情绪或思维的出现，但不会随意认同这种情绪或思维，更不要花费时间和精力去消除或纠正它们。换句话说，就是不受内心产生的情绪或思维的影响，以现实生活为基本出发点，去做自己该做的事情。

比如当你需要上台演讲时，你因为缺乏演讲的经验感到很大的压力，产生恐惧感。但是，焦虑和畏惧情绪的出现是一种正常现象，大多数人都会出现类似的感受。你不要将精力放在处理自身情绪上，甚至幻想失败的场景，而是要针对当下，做自己力所能及的事情。

有些人的心理创伤难以治愈，就是因为太过于关注这道"伤口"，不是急于让"伤口"愈合，就是嫌弃伤疤的丑陋。在这个过程中，他们除了只是在不断提醒自己伤疤的存在，并没有任何积极效果。

著名小说家塔金顿和他的朋友聊天时表示，其他所有苦难他都可以承受，除了失明。不知道这是不是他给自己设定的一个魔障，在他晚年时，黑暗还是找到了他，医生郑重地告诉他：你的一只眼睛已经完全失明，另一只也差不多接近失明，希望你做好准备成为盲人。

这个厄运给了塔金顿当头一棒，顿时所有委屈和抑郁一涌而来，他一时间无法分清现实和幻想的差别。他只能尝试着去接受，并且主动找医生接受治疗。他甚至在完全失明后不断安慰自己的家人："我没事，不要为我担心。"

即使已经被医生定义为失明，但是他没有放弃希望，很快他开始积极接受手术，为尽快恢复，他一年内上了 12 次手术台。他不光用积极的心态改变自己，还走出私人病房，来到公共区域和病友们聊天，用他天生的好口才逗其他人开心，让他们从悲伤的情绪中走出来。

在又一次手术结束后，他的视力依旧没有得到很大改善，但是他默默安慰自己说："看不见没关系啊，我现在是多么幸运，能体验到这么专业的现代科技，连眼部都可以手术，对以前的人类来说是想都不敢想。"

当我们遭遇到突如其来的外界刺激时，如果我们无法妥善地接纳这种刺激带来的负面情绪，而是自行进入沮丧等情绪中，沉浸在委屈中无法自拔，也就不能坦然地面对事情，那么我们将会在未来更多地自我抱怨。我们不必刻意去消除内心的冲突，更不要试图产生消除冲突的念头和冲动，顺其自然，让内心的刺激感随着时间的推移而慢慢减弱，直至消失。丢掉刻意而为和掩饰，避免因恐惧和逃避陷入自欺欺人之中。

顺其自然，并不意味着消极地等待结果，而是不去苛求自己，不去折磨自己。即使失败了，也不要悲伤，哪怕结果不是我们想要的，但我们享受了努力过程中的美好。

顺其自然是一种生活态度，一种对万物的洒脱和释怀。当你在为一件事情拼命努力，为了某个目标倾其所有，最后拼尽全力却发现这些事情无法改变时，这时候奋斗的你就很

需要这种顺其自然的心态，能成则成，成不了也不要强求，也不必心痛。

就如同人在面对世界的广阔时发现自己的渺小，在这种对某件事情无法掌控的时候，就要修身养性炼成随缘不变、不变随缘的心态。生活中让我们无力的事情其实很多，亲人离世，朋友反目，对手太强，甚至是自然灾害。不要想着征服世界，征服所有人，很多时候，我们需要一个平和的心态去面对一些无法改变的事情。

学着坦然接受，不断鼓励自己，不能改变就去接纳，可以改变就赶紧去做。改变不了事实，就改变心态，始终保持这种乐观泰然的心态。

世界上没有过不去的事情，只有过不去的心情。很多事情不是我们做得不好，而是我们在心里放不下。比如被欺辱、被排挤、被怨恨、被批评、被拆台。你生气，是因为自己没有顺其自然的心态；你悲伤，是恨自己不够坚强和脆弱。

# 6

## 升华：不幸是一所最好的大学

"升华"一词是心理学家弗洛伊德最早使用的，用以解释个体将饥饿、性欲或攻击等本能转化成自己或社会所接纳的行为，是一种个体受挫后，因心理压抑，从而向符合社会规范的、具有建设性意义的方向抒发的心理反应。简而言之，就是将社会所不能接受的行为，转化为社会所能接受的行为，以获得内心的宁静与平衡。

从心理学角度来看，当个体的某种愿望不能实现，或遭受巨大的挫折，为了消除内心的挫败感和自卑情绪，他们会将自己的经历转移到对文学、艺术等方面的追求，通过某领域的成就来维持心理的平衡。每个人的内心都有一个天使，也有一个魔鬼，而升华的作用就是让内心的天使驾驭魔鬼，并因此创造出不凡的成就和功勋。

有一位保险公司的火灾调查员，他每次听到有关火灾的消息，就马上赶到现场调查起火的原因，以帮助公司分析，是否需要负责给予赔偿。当他赶到火灾现场时，总会有一种无法言说的兴奋感。因为他从小就有玩火的欲望，却不会随意放火，成为一名纵火犯。反而善于利用这种本能的冲动，成了一名火灾调查员，为公司服务。

升华是积极的心理防御机制。有这样一种观点：所有的升华都依赖于象征化的机制，而所有的自我发展都依赖于升华机制。如果没有将一些本能冲动或生活挫折中的不满怨愤转化为有益世人的行动，这世界将增加许多不幸的人。

虽说这种观点太过绝对，但我们不得不承认升华机制能够给人们带来的积极影响。比如一些音乐家将消极的生活体验，如药物成瘾、家庭矛盾等问题，升华在他们的歌曲和表演中，转而激励和鼓舞着大众。西汉文史学家司马迁，因得罪当朝皇帝被判处宫刑，在狱里，他撰写出了流芳千古的《史记》。

所以，当我们面对人生中的不幸时，要化悲愤为力量。正如稻盛和夫所说："遭遇失败和困难的时候，不是牢骚满腹，不是怨天尤人，而是忍受考验，坚持努力，将逆境转化为顺境。"

1944年，任正非出生在贵州安顺的小村庄里，家境极度贫困，而且家中有7个兄妹。他毕业后有一份很好的工作，但是在43岁时，他突然想要创业。后来，他先是被骗了200万元，又被国企开除职位。最惨的还没有停止，他家庭破裂，离了婚，一大把年纪却和父母一同住在窝棚里。最终，他没有放弃创业这个事情，经过多年努力，成功地创立了华为公司。

不幸只是一时的不如意，态度才是决定接下来行动的关键。用良好的心态去迎接这些不幸，未来某一天，一定会被幸运眷顾。在遭遇灾难、厄运和困苦的时候，不应无力抵挡这些而变得愤世嫉俗、暴躁、唉声叹气，发出不公平的悲鸣。这只会让我们的心态变得越来越灰暗，越来越压抑。人生只能拥有一次，拥抱和珍惜它吧，认真对待每一件事情，不要到头来毫无收获。

即使遭遇灾难、厄运和困苦，也要努力承受，保持坚韧的心态，全力以赴。我们应不断挣脱这些困境，抱着大不了再遭遇一次挫折的考验，也不想永远在这些不幸中失败的心态。人生就是在惊涛骇浪之中不断前进，这些无常的事情都会在我们的脑海中飘过。无论遭遇哪种困境、哪些不幸的考验，我们都要保持谦卑的姿态、乐观的心态面对以后的路。

对每个人来说，升华都是心理健康的必需品，它能够治愈心理创伤、转化负面能量、提升个人品质，并用合理的方式来满足自己内心的需求。所以，无论我们面对怎样的挫折，受到怎样的打击，都不要轻易否定自己、放纵自己。

正如奥斯特洛夫斯基所说："人的生命，似洪水奔流，不遇着岛屿和暗礁，难以激起美丽的浪花。现实是此岸，理想是彼岸，中间隔着湍急的河流，行动则是架在河上的桥梁。"

# 7
## 补偿：通过新的满足来弥补原有欲望的挫折

补偿机制在人的生理和心理上都有所体现。当个体生理上的某一项功能，因先天或后天的因素出现减弱或消失的情况，其他功能就会自动启动补偿机制。比如盲人因为失去了视觉，所以，嗅觉、听觉和触觉都会变得异常敏锐，这就是生理上的补偿。

而心理上的"补偿"是由心理学家阿德勒率先提出的，指的是因主观或客观原因导致失去心理平衡，企图采用其他方式来补偿自己，以减轻或消除失落、自卑等负面情绪，从而达到维持心理平衡的目的。心理学上认为补偿的心理防御机制，能够通过新的满足来弥补原有欲望的挫折，是调整心理平衡的一种内在动力。

阿德勒认为，每个人天生都存在一种自卑感，而这种自

卑感会使个体产生对优秀的渴求，而为了满足优秀的条件，个体会通过补偿的方式来克服自身的缺陷，达到使自己优秀的目的。就像在自我意识发展的过程中，有的人对自己的长相、能力等方面感到不太满意。这种导致心理上产生不适感的认知，可能是事实，也可能仅仅存在于自我认知中，于是个体便开始用另一个方面带来的满足补偿自己的缺憾。比如有些人认为自己的身体素质太差，不能在运动方面取得成就，便开始努力学习，在学习成绩上获得成就感。

补偿机制可分为消极性补偿和积极性补偿。所谓积极性补偿，是指以正确的方式来弥补自身的缺陷。积极性补偿是一种积极的心理状态，往往能够令人奋发图强，起到激励的作用。当一个人处于困境之中时，如果他不愿意屈服，不甘于现状，就会在补偿机制的影响下，变得强大，勇敢地前行。

"无臂钢琴师"刘伟在10岁的时候因一次触电意外失去了双臂，但他并没有因此而变得消沉，反而凭借超凡的毅力成就了自己不平凡的人生。他在12岁的时候，开始学习游泳，并在"全国残疾人游泳锦标赛"上获得了两金一银的优异成绩。

2006年，他开始学习用双脚弹钢琴，每天坚持7小时的练习，仅仅一年的时间就能够弹奏出相当于钢琴专业7级水平的钢琴曲《梦中的婚礼》。

补偿作用可形成一种强有力的成就动机和有效能的力量，以帮助人们改正自己的缺陷。补偿作用还可以增进安全感、提高自尊心以及维护心理健康水平。补偿机制有积极的作用，也存在消极的作用。消极性补偿则害多益少，不利于心理健康。所谓消极性补偿，是指个体所选择弥补自身缺陷的方式，并没有为自己带来满足感，反而对自己造成了伤害。现实和理想总归存在着一定的差距，如果你一味地补偿，可能会加剧内心的脆弱。

何美娜是一名教师，因为性格不拘小节，穿戴简单随意，被别人嘲笑为"男人婆"。她为了向别人证明自己是一个有"女人味"的女人，开始疯狂地打扮自己。各种名牌的化妆品、服装都成了她所痴迷的东西。

她开始每天穿着不同的衣服去上课，一反曾经衬衫配牛仔裤的穿搭。她精美的妆容、时尚的穿搭，为她赢得了周围人的赞美，但是高昂的开销使她倍感压力。为了维持自己被赞美的形象，她开始在百货公司行窃，最终被工作人员当场抓获，断送了自己的美好前途。

补偿机制对个体的心理以及行为的作用，取决于我们对补偿方式的选择。所以，面对自身的缺憾，我们可以采用一种多元补偿的方式，也可以理解为"不要把鸡蛋放在同一个篮子里"。

举一个简单的例子：当一个人失恋了，他的情绪十分低落。这时，补偿的自我防御机制就会启动，他就会做出购物、看电影等补偿行为。但是，如果一味地将自己的注意力放在单一的活动上，短时间能够缓解内心的情绪。但长此

以往，一旦他再遭受挫折，需要补偿时，仍选择购物等这一行为，长此以往就会陷入恶性循环，由积极性补偿转变成消极性补偿。

而多元补偿的方式就意味着，我们可以选择通过尝试不同的领域，参加不同的活动来达到补偿自己的目的。比如和朋友去唱歌、读书、旅游等，避免对某一项活动产生依赖性。

补偿的心理防御机制是一种能够使人走出低谷的机制，如果善加利用，能够使自己变得更加强大。但是，我们也要注意，千万不能过于贪婪，将补偿目标设置得不切实际，而且切勿在赌气的情况下使用补偿机制。只有积极的心理补偿，才能激励自己达到更高的人生目标。

第七章　发现脆弱的优势

# 1
## 生气让你鼓起勇气去行动

生气，是个体对突发事件丧失掌控权的一种应激反应。每个人对无法掌控的事件的接受程度不同，从而导致了每个人生气的临界点也不同。有的人将生气看作一种脆弱的表现，但是，这种情绪会因表达方式的不同，呈现不同的结果，甚至可能成为我们的优势。

当一个人压抑或沉浸在负面情绪中时，生气往往会带来焦虑和抑郁。这种表达方式往往会对自己的身心健康造成不利的影响，令自己失去辨别能力。如果我们能够正确引导这种情绪，化生气为争气，会增强我们面对任何事情的勇气。

1956 年，一个女孩出生在法国巴黎的一个书香门第家庭。父母希望她能够成为一名教师，但她不喜欢这个职业，反而热衷于花样游泳。她不止一次对身边的人说，自己一定会成为一个优秀的花样游泳运动员，但由于先天条件差，她经常遭到同伴的冷嘲热讽。有人嘲笑她身体僵硬，有人嘲笑她在水中的表现力差……她感到十分生气，却没有对同伴做出相应的反击，而是将自己听到的嘲笑通通记在了笔记本上，时刻警示自己。凭借着不服输的劲头，她入选了巴黎花样游泳队，并获得了法国游泳锦标赛的铜牌，令人大吃一惊。

17 岁那年，父亲去世了，她不得不扛起家庭的重担，有人劝她放弃学业，但她固执地认为自己能够一边上学，一边照顾好家里。周围的人议论纷纷："她每天家务都干不完，哪有时间去学习？她想一边学习，一边打工简直是痴人说梦……"她还是秉承一贯的做法，将这些激怒自己的话记录下来，让这些讥讽成为自己前进的动力。在上学期间，她不仅将家里打理得井井有条，还获得了全额奖学金以及赴美留学的机会。

　　留学归来后，她成了贝克·麦坚时律师事务所有史以来第一位女总裁。她就是如今国际货币基金组织的总裁克里斯蒂娜·拉加德。

　　人生是一场充满意外的旅程，冷眼与嘲讽也会常伴我们左右。面对这些冷眼和嘲讽，我们难免会感到生气，但情绪消退之后，摆在我们眼前的只有两种选择：一种是，沉浸在失落感和无力感中，不停地咒骂来自外界的恶意；另一种是，将外界的一切刺激转化为前进的动力，通过自己的努力重新证明自己。

　　虽然被他人嘲笑的感觉很不好，但如果你能够化悲愤为力量，总有一天，你会在心底对那些曾经嘲笑你的人说上一句："谢谢你的嘲笑，让我变得更加优秀。"

　　乐嘉在《本色》一书中讲述了自己的一段经历：

　　有一次，一个朋友的老板嘲笑说："像他这样连大学都没读过的光头，有什么文化，有什么资格给我们公司讲课！"

乐嘉安慰朋友说："有一天你老板会求着你以10倍的价格把我请回来的。"

这句话在乐嘉的心中留下了无法磨灭的烙印，当乐嘉每次写书想要偷懒时，他就会想起朋友的老板说的这句话；当乐嘉想要逃避，不想坚持学习时，就骂自己："乐嘉，你个王八蛋，难道别人当初侮辱你的那些话，你都全忘记了吗？"然后，狠狠地扇自己一个响亮的耳光。正是在自我激励的加持下，中专毕业的乐嘉发愤图强不断精进，最终成了中国性格色彩研究第一人和知名演讲家。

所以，我们要正确看待生气这件事情，生气解决不了任何问题，抱怨世事的不公，咒骂外界的恶意毫无用处，甚至会让原本简单的问题变得复杂。对于这个问题，我们一定要学会控制自己的情绪，改变自己的心态，不要将自己的存在看得太过重要。一颗星星的陨落，不会使整片星空昏暗；一朵鲜花的凋零，不会令整个花园丧失芬芳。与其怨天尤人，不如站起来直面困难，将积压在内心的负面情绪转化成动力，鼓起勇气去解决眼前的困难。我们无法改变所处的世界，那我们就要学会改变自己的心态，既然前路困难重重，那我们就另辟蹊径，每条路都有着独特的风景。

生活中，总会有讨厌你的人，你的优秀会成为他们忌妒你的根源，想方设法拉你下马；你的失败会成为他们嘲笑你的依据，无时无刻地刷存在感。评论是他人应有的权利，也许你生气的样子，反而使他们嘲笑得更加肆无忌惮。因此，不必太过在意他人对自己的看法，努力做好手中的每件事，才是生活的重心，至于其他的事情，与自己又有什么关系呢？何必让他人的风言风语把自己变得郁郁寡欢。知耻而后勇，动怒且向上，才是真正的强者。

当我们被他人激起怒火的时候，保持一个良好的心态是最佳选择。与其和负面情绪纠缠不休，不如想开一点，将自己的精力放在努力提升自己上面，让自己变得更加优秀，优秀到那些冷眼相待的人再也无法影响你的情绪。

# 2
## 孤独让你更深刻地认识自己

如今，孤独已然成为生活的一种常态。真正的孤独，不仅只是失去与外界的沟通，更是心理上的自我封闭。孤独的产生往往伴随着沮丧、懊恼等情绪，为了避免暴露内心的脆弱，大多数人会选择掩饰这些情绪，从而使内心更加封闭。

心理学家认为，在现实生活中，当个体的某种社会需求得不到满足，或对社会关系的渴求与现实所拥有的存在差距时，孤独感就会产生。但是，我们需要知道的是，孤独是一种主观感受，而不是客观状态，就像有的人身处闹市仍会感到孤独，而有的人长时间独处丝毫不感到孤独。

从心理学角度分析，孤独的产生源自一种趋于逃避的脆弱心理。以常见的孤独感产生条件来举例，当一个人独处或

处于陌生的环境中时，由于对存在不确定性的未知事物出现的本能恐惧，同时丧失依赖他人的条件，从而更容易产生无力感和恐慌感。

自我意识强烈也是造成孤独的一大因素。在人际交往过程中，有些人过于看重他人对自己的评价，为了避免因表达内心的真实想法而给对方留下不好的印象，从而拒绝与他人深入交流。在这个过程中，他们不愿表露自己的想法，却渴望与他人产生交流，同时希望对方能够理解自己，在这种矛盾心理的作用下，孤独感就会产生。

为了消除这种矛盾的心理，孤独的人往往希望对方能够给予自己苛刻的评价，从而使社交无益的想法更加心安理得。在他们眼中，走亲访友和集体活动是一件浪费时间且毫无意义的事情，他们更愿意活在自己的世界中。也许是因为自身的能力不能达到期望，为了证明自己或逃避现实，他们会将自己与外界隔绝，不敢面对真实的人际关系。

其实，孤独并不完全是一件坏事。一个人只有在独自一人的时候，才可能静下心来观察自己。如果我们能够从无谓的社交中脱身，充分利用孤独来认识自己、丰富自己的内心，这种孤独反而会让我们更加成熟。就像《谁的青春不迷茫》一书所写："你觉得孤独就对了，那是让你认识自己的机会；你觉得不被理解就对了，那是让你认清朋友的机会；你觉得黑暗就对了，那是发现光芒的机会；你觉得无助就对了，那样你才知道谁是你的贵人……"

英国的科学家牛顿，他是现代力学的奠基人，万有引力的发现者，与莱布尼兹同步发明了微积分。但他一辈子几乎没有亲近女色，孤独地走完了伟大的一生。

写出了《纯粹理性批判》的德国哲学家康德，一辈子都没有走出过哥尼斯堡。他的生活几十年如一日，按部就班，没有妻子，没有儿女，直到生命之花凋零。

安徒生一辈子茕茕孑立，留下了《海的女儿》《卖火柴的小女孩》《皇帝的新衣》等一系列美好童话，却把孤独留给了自己。

哲学家叔本华继承了父亲的财产，使他一生过着富裕的生活，但他在肺炎恶化死后，将所有财产捐献给了慈善事业。叔本华在生命最后的 10 年终于得到了声望，但仍然过着孤独的日子，陪伴他的是一条名字义为"世界灵魂"的卷毛狗。

孤独是我们每个人都必须经历的一种历程，也是我们从群居动物走向个人觉醒的必经之路。就像《百年孤独》中所讲："生命从来不曾离开过孤独而独立存在，无论是我们出生，我们成长，我们相爱还是我们成功失败，直到最后的最后，孤独犹如影子存在于生命一隅。"

当我们看透孤独的真相后，才能真正了解独处的意义。人生的路上，步履匆匆，你很可能已经忘记自己最初的模样，当你懂得享受孤独时，你才能跟自己的心灵对话，读懂自己的内心，认清自己，才能找到那个最真实的自己。

学会享受孤独，你才会拥有更深的思想意识，比平常人更加深刻地看待所面临的问题。因为，孤独给了你去思考那些问题的时间，而不是迷失在人间的喧嚣中，随波逐流，虚度年华。我们要知道，很多事情是并不值得自己去浪费时间的，人生都太短暂，去疯去爱去孤单一场，做一个真实而简单的自己。

其实，孤独并不可怕，可怕的是惧怕孤独。如果你认为孤独很可怕，那说明你还没有真正理解孤独，而是处于不断地自我怀疑、自我封闭的状态之中。

当我们感受到孤独的时候，应该将孤独当作一种享受、一种成长、一种灵魂的升华。没有人可以陪我们一辈子，所以我们要学会一个人走；没有人会一直让我们依靠，所以我们要一直努力。

只有甘愿承受孤独的人，才会冲破自己思想禁锢的牢笼，舞出不同凡响的人生，真正爱上孤独的人，才是最懂生活的人。

# 3
## 悲伤是促进深沉思考的反应

悲伤往往源自生活中的"失去"。失恋、亲人逝世等遭遇都会令我们感到悲伤，这种情绪总是伴随着各种令人难过的事情，所以，大多数人往往对这种情绪抱有轻视或贬低的态度。

而事实上，悲伤情绪并没有我们想象中那么不堪。一位作家曾这样评价悲伤的正面意义："悲伤是一种促进深沉思考的反应，能更好地从失去中取得智慧，从而更珍惜目前所拥有的。"

悲伤意味着失去，但正因如此，才能够帮助人们看清自己的内心。就像失恋带来的悲伤，能够让我们更加理性地分析恋爱中自身存在的问题；分离带来的悲伤，能够让我们强化关于过往美好时光的记忆；死亡的悲伤，能够让我们更加珍惜当下和亲人相处的机会。

电影《大话西游》中，至尊宝在面对紫霞仙子时，流着泪说道："曾经有一份真诚的爱情放在我面前，我没有珍惜，等我失去的时候我才后悔莫及，人世间最痛苦的事莫过于此。如果上天能够给我一个再来一次的机会，我会对那个女孩子说三个字：我爱你。如果非要在这份爱上加上一个期限，我希望是……一万年。"在悲伤中，至尊宝懂得了紫霞仙子的可贵之处，明白自己内心真正爱的人是谁。

悲伤的情绪一直被人们认为是一种负面的情绪。确实，强烈且持久的悲伤能够引发各种难以治愈的心理问题，如抑郁症等。但是，一些轻微、短暂的悲伤往往能够给我们带来一些意想不到的好处。

心理学家曾做过一项测试，关于快乐情绪和悲伤情绪对人们思维的影响。他要求处于快乐情绪中的测试者和处于悲伤情绪中的测试者回答同一类问题。结果显示，快乐的情绪导致前者的大脑太过兴奋，以至于无法给出正确的答案，而

后者能够更冷静地反复思考，给出有较强逻辑性的答案。

当一个人在感到悲伤时，会更加关注外部世界的信息。心理学将这种思维称为"适应性"思维。这种思维能够让人的思维方式变得更具体、更系统、更可靠。这也就是为什么人们在情绪低落的时候，不会过于依赖简单的刻板印象，减少个体被无关、虚假的误导性信息带来的干扰，能够更准确地察觉到事件中是否具有欺骗性，然后做出更加精准的决定。

心理学家乔·福加斯认为："在很多时候，悲伤能够促进最适合处理费心状况的信息处理策略。"为此，他做了一项实验：乔·福加斯来到了澳大利亚悉尼郊区的一家小文具店，然后在收银台旁边放了一些小玩具，如玩具士兵、小玩具车。在实验的过程中，福加斯会要求购物者结完账出门的时候尽可能地回忆刚才在收银台上看到的小玩具，以此来测试他们的记忆。

为了研究不同情绪对于人们记忆的影响，福加斯选择了阴雨天和晴天来分别测试。并且，在阴雨天的时候，他会播放威尔第的《安魂曲》来加强气氛，在晴天的时候则会播放吉尔伯特与沙利文的欢快乐曲。

最后得出的结果发现，阴雨天能让购物者心情悲伤，但是他们所能够记住的小玩具的数量是怀有正常情绪人的4倍。

相较于愉快的记忆，人们对痛苦的记忆的印象更加深刻。因为在令人感到悲伤的事情中，当我们在经历了痛苦之后，便会引发深刻的思考，然后让我们的内在进行蜕变和升华。

当人们长期处于快乐的环境中时，形成习惯，就会认为这是一件很平常的事情。但如果这个时候突然发生了一件伤心的事情，你就能够明白快乐是多么可贵。所以，往往悲伤才能够衬托出快乐的意义。

不同的情绪，造成的结果也是不一样的。当人们一直处于快乐安逸的环境中时，很容易产生懈怠和麻痹。但是，当人们处于悲观的环境中时，悲伤的情绪可以促使你想尽办法去改变。而且，人们在悲伤的时候能够更大程度上激发自己的潜力。所以，比尔·盖茨常会对自己的员工说："微软离破产永远只有 18 个月。"在这种悲观意识下，员工会更加有进取心，愿意去关注细节，遇到问题也会寻找更多的解决办法，不会盲目地轻信和武断地做决定。

一项科学实验也曾表明，适度的负面情绪通常是自发的，潜意识的"警报信号"能够使我们的思维更为专注和细致。简单来说，负面情绪能够在我们遭遇意外时，使我们的注意力更加集中，而快乐的情绪往往给人一种熟悉、安全的信号，导致我们的处理方式太过随意。

悲伤情绪不仅是心理的正常反应，更能够帮助我们更加理性地面对日常生活中的各种挑战。就像电影《头脑特工队》中讲述的一样：悲伤并不是我们要摆脱的"猪队友"，反而是关键时刻的"好帮手"。所以，我们不要去排斥悲观情绪，而是应该学会去认识、了解它的正面意义，并且积极地接纳、运用它，让它帮助我们获得更加美好的生活。

# 4
## 忌妒促使你不断成长

　　忌妒是一种正常的情感体验，指的是由于察觉他人所拥有的某种事物或成就，从而产生的一种不满、怨恨的情感或心理状态。忌妒常常出现在与他人的比较中，当一个人意识到别人拥有自己所期望却尚未得到的东西时，会产生敌意或怨恨的感受，甚至认为他人的成功反衬了自己的失败。

　　心理学家弗洛伊德认为，忌妒心理的产生，源自在个体的潜意识中出现了自己应该与相似的人取得类似成就的错觉。一旦对方超越了自己，理想与现实不一致而导致的心理落差就会格外明显，于是，不满和怨恨的情绪就此产生。如果对方的能力不如我们，甚至经常向我们寻求帮助，一旦对方取得一定成就，我们的忌妒感会更为强烈。这种因主观的不公平感而产生的忌妒会让我们完全忽略对方不为人知的努力和付出。

　　忌妒之所以令人感到痛苦，是因为个体在相互比较的过程中被怨恨和敌意占据了大部分情绪。当出现忌妒的心理时，你会通过打击对方令自己显得更为成功，这时，你的认知能力就只能帮助你收集更多关于对方的负面信息，以帮助你打压对方。但这样的忌妒会让人迷失方向，最终坠入深渊。

有一只老鹰忌妒另一只比它飞得更高的老鹰，于是，它找到一个猎人，希望他能够将那只老鹰射下来。猎人答应了它的请求，但是需要它给自己一根羽毛用来制作箭。忌妒的老鹰立刻从自己的身上拔下了一根羽毛，交给了猎人。

但是，天空上的那只老鹰飞得太高，猎人的箭只飞到一半就掉下来了。他再次向忌妒的老鹰讨要羽毛，老鹰为了发泄内心的怨恨，就又拔下了一根羽毛。但是，猎人还是没能射下那只老鹰。

一次又一次的失败，忌妒的老鹰身上再也没有羽毛可以拔了，也再也飞不起来了。于是，猎人将它抓住，对它说："算了，既然你已经飞不起来了，那我就抓你好了。"

但是，忌妒情绪并非是完全负面的。心理学家通过对忌妒进行深入研究后发现，忌妒对自我成长有着重要的促进作用。

从心理学角度分析，忌妒是人类与生俱来的一种倾向和能力。在长期的生存发展过程中，人类需要通过获得足够的资源来维持生存和繁衍后代，而资源的获取便涉及了竞争，人类需要通过观察竞争对手的表现，来判断自己获取资源的概率。因此，这种与他人比较的心理在长期的进化中被保留了下来。

忌妒他人，证明了自己对变得优秀的渴望。因为，没有人会去忌妒一个各个方面都不如自己的人。所以，我们需要调整自己的忌妒心理，将注意力转移到自身能力的提升上，

就如英国哲学家罗素所说："在难免产生妒忌的地方，必须用它去刺激自己的努力，而不阻挠对方的努力。"

古雅典有一位雄辩家，叫德摩斯梯尼。童年时，他非常羡慕和忌妒站在演讲台上滔滔不绝演讲的雄辩家。于是，他便立志成为一名雄辩家，可是他从小就有口吃的毛病，但他没有因为自身的缺陷而自暴自弃，因理想与现实间的差距而妄自菲薄，而是相信自己一定能成功。

他为了使自己的声音变得洪亮，每天早晨对着大海大声朗读；为了纠正自己的口吃，每天含着小石子说话；为了增加肺活量，他坚持每天爬山。经过不懈努力，他终于成了一位赫赫有名的雄辩家。

想要合理利用自己的忌妒心理，我们首先要清楚自己忌妒的究竟是什么。如果你忌妒别人天生的优势，比如出身、身高等，无异于庸人自扰，与其感到羞耻并加以掩饰，不妨坦然面对，接受自己无法改变的不可控因素。如果你忌妒别人后天的成就，就需要以对方为目标，将忌妒转化为动力，努力超越别人。

而将忌妒转化为动力的前提，就是需要承认自己的忌妒心理。很多人不愿承认自己忌妒他人，是因为在他们眼中，承认忌妒就意味着承认自己的脆弱，但是这只是一种正常的心理反应。所以，当你因他人取得某项成就而心生怨恨时，你就需要意识到自己只是产生了忌妒心理，并接受忌妒所带来的负面情绪。

与其将自身精力浪费在诅咒别人"爬得越高,摔得越惨",不如将注意力转移到自身所拥有的天赋和资源上。你会忌妒,是因为你察觉到了自己与对方在能力或其他方面存在差距,而不断地努力提升自己才能缩小你们之间的差距。

忌妒就像一匹野马,如果你对它放任不管,终有一天你会被它掀翻倒地,摔得头破血流。如果你学会了如何驾驭它,就会快马加鞭地到达成功的目的地。

# 5
## 自卑让你努力超越自我

自卑,指的是由于低估自己而产生的情绪体验,其本质源于对自己的不接纳。每个人都存在自卑的心理,只是程度不同而已。当自卑感达到某一程度时,会影响一个人的自我认知,对自身的能力出现不恰当的评价,即使有足够的能力去完成某项工作,却会因为否定自己而导致失败。

自卑感的产生原因,大致分为两种:内在因素和外在因素。

从心理学角度来看,自卑是个体通过在心理和行为层面与他人对比而形成的产物。这种对比在本质上都属于主动比较,因为无论是内在因素,还是外在因素,只要你的内心拒绝这种比较,就无法产生自卑的情绪。

心理学家阿德勒认为,自卑是由个体天生的"缺陷"造

成的。这种"缺陷"不仅指的是生理上的残疾或弱小，还包括主观幻想中存在的缺点，如学历、能力等诸多方面，这是导致自卑感的内在因素。当我们主动将这些"缺陷"与他人作比较时，就容易产生自卑感。

而外在因素指的是个体所处的环境。如果一个人在童年时代经常被强迫与"邻居家的孩子"作比较，久而久之，这种各方面都不如人的观点就会固着于心，形成自卑。而且，这种自卑感在很大程度上不会因年龄的增长而削减。

自卑的心理往往会给我们的生活带来不良的影响。最常见的例子就是：一个农村的学生以优异的成绩考上了一所大学。在与同学相处的过程中，出身和家庭一直是他最忌讳的问题。他总是认为，在大城市生活的人都会认为农村人没有见过世面，一旦表明自己来自农村，很可能会遭到同学们的嘲笑。而这种自卑心理长期笼罩在他的心头，以至于在公共场合，他总是选择独自一人待在角落里，拒绝和同学来往。

在现实生活中，大多数人都对自卑存在偏见，认为它是一种糟糕的负面情绪，是一种脆弱的表现。但是，阿德勒认为："我们每个人都有不同程度的自卑感，因为我们都想让自己更优秀，让自己过更好的生活。"自卑是每个人正常的情绪，也正是这种情绪，才能促使一个人不断地超越自我。

电影《风雨哈佛路》讲述了这样一个故事：

主人公丽斯出生在美国的贫民窟，对她来说父爱和母爱是极其奢侈的。母亲长期吸毒酗酒，导致双目失明并患上了严重的精神分裂症，在她 15 岁的时候就撒手人寰，而父亲长期躲在收容所里。于是，丽斯在乞讨和流浪中度过了自己的童年。

然而，随着慢慢长大，她意识到只有读书才能改变自己的命运。在她真挚的恳求下，高中校长同意了她入校学习的请求。她用了两年的时间读完了 4 年的课程，并争取到《纽约时报》的奖学金，从而顺利地进入了哈佛大学。

是的，年幼时破碎的家庭导致丽斯的生活格外贫穷，不合身的衣服，散发异味的身体，乱糟糟的头发。这让她的自卑感与生俱来，但当她无法忍受这种自卑感时，她懂得改变自己，那就是让自己变得强大起来。

想要将自卑化为超越自我的动力，我们就要做到以下几点。

### 1. 勇于面对自身的"缺陷"

我们要敢于面对自身先天的"缺陷"，敢于面对因后天努力程度不同所导致的与他人的差距。不要因为过去的失败或惩罚，而产生听任命运摆布或放弃自己的行为。

### 2. 正确地总结原因

自卑的人看不到自己的价值，是因为他们陷入了一种固定思维模式，认为自己一定比不上他人，自己无法做出改变，进而长期处于强烈的耻辱感中。我们需要告诉自己，自卑是每个人都会出现的情绪，即使成功人士也会存在某种程度的

自卑感。

如果我们能够认识到自卑只是源自内心与他人的对比，每个人都拥有自身的价值，我们就能够从另一个角度去发掘超越自己的力量。

### 3.超越自己的信心

没有人是天生的弱者，每个人都有改变和超越自己的力量。当我们内心的意识开始转变时，我们要相信自己的能力，通过行动来完成从自卑到自信的蜕变。

总的来说，我们要正确地认识自卑。当你感到自卑，不意味着你的能力比别人差，而是你对自己有着更高、更美的期望。面对自卑，你要不断地努力，精心雕琢自卑所造就的人生凹痕，让它变得饱满，让自己变得自信。

# 6
## 恐惧让你迅速做出反应避开危险

恐惧，指的是当我们面对现实或想象中的危险时，试图摆脱却无能为力，从而产生的一种紧张的情绪反应。心理学中将其解释为一种生命本体的自我防卫意识，而且所有能够让个体产生不安情绪或逃避行为的事物，都会引发恐惧。就像黑暗、高空、幽闭、野兽等，这些能带给人恐惧的事物都很有可能带给人伤害，威胁到人的生命。

第七章
发现脆弱的优势

　　《三国演义》中，诸葛亮在第一次北伐中，因错用马谡而失去了战略要地——街亭。司马懿乘胜追击，率领 15 万大军赶到了蜀军所驻扎的西城，却见到诸葛亮端坐在城楼上，笑容可掬，正在焚香弹琴，身后站着两个书童。城门口，只有十几个百姓模样的人在旁若无人地低头洒扫。

　　司马懿沉思片刻，下令后军充作前军撤退。司马昭十分疑惑，问道："是否城中没有士兵，故意做成这个样子？父亲为什么要退兵呢？"

　　司马懿解释说："诸葛亮一生谨慎，不曾冒险。现城门大开，不见一兵一卒，里面必有埋伏！一旦进去，必然中计。"于是，率军撤退。

　　关于恐惧，大多数人会尽量回避这种情绪，甚至将恐惧解读为内心的脆弱，比如嘲笑恐高的人懦弱，嘲笑害怕某种小动物的人胆怯。但实际上，恐惧不仅是一种负面情绪，更是一种趋利避害的本能反应，能够让人避免危险带来的伤害。

　　假设，我们划着船在大海上航行，而船身出现了一个洞。我们发现船舱开始进水，船身逐渐下沉，这时，我们就会担心一旦船只完全沉没就会危及我们的生命。于是，我们就会感到恐惧，从而开始寻找周围是否有人能够为我们提供帮助，使用手机等通信工具联系海上的救援队。如果，我们在危急关头感受不到任何的恐惧，就会稳如泰山地坐在船上，看着船只一点点下沉，直至生命走到危险的边缘。

　　多伦多大学心理系的学者曾经做过一项研究。他们发现，

当实验者感到恐惧时，会出现眼睛睁大、鼻孔张大等行为。而这种行为能够更好地察觉到周围的危险信号，睁大的眼睛开阔了人的视野，扩大的鼻孔增加了进入身体的气流，从而使人通过视野和嗅觉等方面的强化获得更多的信息。

恐惧能够帮助我们做好准备，规避可能的风险，达成自己的目的。有时候，适当的恐惧是处理事情的最佳状态，因为当我们处于恐惧的状态中时，会考虑更多的细节来保证成功，同时做好最坏的打算。为此，我们会做好充分的准备，以避免危险的事情发生，而这种行为往往会增加我们成功的机会。

更为重要的是，情绪带来的行为反应，要比经过思考做出的反应要更加迅速。当一个孩子被烫伤之后，会对散发高温的物体产生恐惧情绪，当其再一次遇到这种为自己带来伤害的事物，他会凭借恐惧情绪的本能反应，不经思考地选择远离这些事物。

但是，如果我们无法对恐惧有一个正确认知，使我们变得无缘无故害怕起某些事物的时候，就容易对外界的一切极为敏感，以至于演变成各种恐惧症，如广场恐惧症、社交恐惧症、幽闭恐惧症等，而这种心理疾病往往会使人陷入莫名的恐惧中。比如广场恐惧症患者，会在空旷或嘈杂的环境中感到恐慌；社交恐惧症患者在面对陌生人时，会感到恐慌；幽闭恐惧症患者对封闭或狭小的空间感到恐慌。

而这种情况的产生源自过度的想象。当我们处于某种特定情境中时，不受控制的恐惧心理就开始衍生出各种夸张的想象场景。一旦我们开始想象当下所要面对的艰难处境时，就会令我们走进恐惧的循环中。

比如当一个从未在公共场合发表过演讲的人接到了上台演讲的任务时，他能够从这件事想象出各种各样的画面：自己站在讲台上，台下的人纷纷嘲笑自己；或者站在讲台上说不出一句话……

正因为如此，我们才会被恐惧控制，在面对稍有难度的事情时，脑海中总是出现一些很糟糕的画面，使我们陷入恐惧的循环中。在我们过度想象的过程中，恐惧的情绪就会不断无限放大，直到我们的内心出现更多的负面认知，甚至出现歪曲事实的情况。

过度的想象会让我们陷入恐惧的深渊，无法自拔。而这种感受会深深地留在心里，在我们的大脑中留下深刻的印象。当我们再次遇到类似的情况时，这些记忆就会令我们产生恐惧的心理。就像古语所说的："一朝被蛇咬，十年怕井绳。"

所以，我们要正确认识并理解恐惧，将它看作一种本能的心理反应。而且，适度的恐惧可以帮助我们正确应对来自外界的威胁和危险，让我们及时做出反应，规避危险。

# 7

## 愤怒促使你保护自己

愤怒是生活中最常见的一种情绪。当你遭受社会的不公、认为自己的利益受损或者受到他人的不尊重和欺负，就会产生愤怒的情绪。这种情绪大多数只是为了宣泄内心的不满，获得自我安慰，并不能对现实中的情况产生实质性的帮助。

心理学家维蕾娜·卡斯特认为："任何形式的发怒，都隐含着对环境和周围世界的攻击性。"外界所给予的令人难以接收的信息，会令个体意识到自身的缺失，为了避免暴露内心的脆弱，否定自我价值，他们往往会辩解、争执甚至和他人出现肢体冲突。而这种行为的本质，就是在为重新树立自身价值而努力。

愤怒情绪会影响一个人的理性决策，导致出现攻击行为，甚至引发对方的报复性攻击，破坏正常的人际交往关系。这也就是为什么人们将其视为一种负面情绪并敬而远之。

《聊斋志异》中有这样一个故事：

胶州的李总镇有一个皮肤黝黑的奴仆。因为奴仆深得他的宠信，李总镇便赏赐了他一个肤白貌美的女子做妻子。过了不久，妻子为他生下了一个白白胖胖的孩子，奴仆十分高兴。但是，李总镇的同僚和其他仆人经常和奴仆开玩笑，说他的孩子那么那么白，一定不是他亲生的。奴仆越想越愤怒，于是回到家中杀死了自己的妻子和孩子。然而，他发现孩子的骨头是黑色的，是自己冤枉了妻子，感到后悔不已。

由于愤怒导致的惨剧数不胜数，所以，当人们感到愤怒时会下意识压制这种情绪，避免造成难以控制的场面。确实，愤怒情绪容易破坏人与人之间的关系，但懂得适当表达自己的愤怒是对自己的一种保护。就像心理学家托马斯·摩尔在《灵魂的黑夜》中所说："当人们清楚明白地表达出愤怒的情感时，它就能为一个人和一种关系做出很大贡献；但是当愤怒被遮掩隐藏起来时，它的影响则正好相反。"

其实，愤怒是底线和原则的刻度。当一个人对你的侵犯或攻击超出了你的承受能力时，愤怒就是一种信号，用来提醒你，此刻你需要保护自己。而你的愤怒就是对他人的警告，令对方知难而退，维护自己的利益。

从进化心理学角度分析，这恰恰能够印证"愤怒是一种自我保护的反应"的观点。在原始社会，一个人需要足够的资源来维持生存，如果资源遭到掠夺很可能导致个体的死亡。为了避免这种情况发生，当资源遭到掠夺时，个体会通过表达愤怒达到警告的目的，同时，以盛怒下的武力威胁避免实际战斗可能带来的伤害。在这个过程中，很可能有一方会妥协，而个体也就通过避免大量的冲突，实现了保护自己的目的。

有的人选择压抑愤怒的情绪，是因为在他们眼中愤怒无

法解决实质性的问题。但是，当你的利益受到侵害时，你放弃表达愤怒就意味着你降低了自己的底线，放弃了保护自己的权利，而下一次的侵害来临时，你依然会做出这样的选择。长此以往，你就会在人际交往中模糊了自己的原则和底线，成为一个能够被他人随意攻击和侵犯的人。

　　愤怒之所以被看作一种负面情绪，在很大程度上源自错误的表达方式。一般来说，当一个人感到愤怒时会出现两种结果：一种是据理力争，发泄内心的愤怒，从而维护自身的尊严和利益。虽然这种方式能够令对方获知自己的原则和底线，但带有强烈攻击性的表达会引起对方的反感，从而破坏人际关系；另一种结果就是忍让，降低自身的底线，压抑内心的愤怒情绪。但这种情绪并不会消失，反而会积压在心中，像房间里的垃圾一样，散发着恶臭。久而久之，它会因为某种外界刺激以一种不可理喻的方式发泄出去。比如受到不公平待遇的丈夫回到家中，因为妻子不小心摔碎了一只碗而大发雷霆。

　　所以，想要通过表达愤怒来保护自己，我们需要学会正确的表达方式。

### 1. 表达的针对性

　　愤怒的表达，一定要针对伤害你的人。只有选对对象，你才能真正保护自己，而且愤怒才会产生效果。如果你将自己的愤怒发泄到毫不相干的人身上，只会对他人造成额外的伤害，并不能起到保护自己的效果。

### 2. 表达的理智性

我们要知道，表达愤怒并不意味着否定彼此之间的关系。在表达愤怒之前，通过平复自身情绪来降低自身的攻击性，以一种真诚的方式让对方放下防备，促进对方进行换位思考，如"你一直很关心我""你是一个通情达理的人"等。在关照对方感受的同时，拉近彼此之间的距离。

### 3. 表达的温和性

我们表达愤怒，是否定对方在某一件事上的做法和态度，并不是对方整个人都令我们感到厌恶。如果在表达过程中将否定上升到个人，会令彼此之间的沟通失去重心，陷入无休止的互相攻击中。

所以，我们要尽量表达自己的感受，让对方意识到自己的行为令你感到伤心，将自己的情绪传递给对方，对方才能明白自己的越界已经对你造成了伤害。当我们感到愤怒时，不要压制这种情绪，要学会合理地表达愤怒，让愤怒表明自己的原则和底线，避免自己再次受到侵犯。

# 8
## 适度焦虑助你进入最佳状态

焦虑，是指个体因达不到预期或不能克服障碍，导致自尊或自信受损或因失败感、内疚感增加，所形成的一种紧张不安的情绪状态。无论是即将登台演出，还是需要见重要客户，有些工作内容总会让我们产生焦虑感。

王宇最近不知道怎么回事，总是处于一种焦躁不安的状态，工作的时候也是一副心事重重的样子，做什么事情都提不起半点精神。

和王宇玩得好的同事想要劝劝他，但是他什么也不说，只是一个人闷着头，天天在办公室里面抽烟，整个办公室都被他的烟味弥漫。

王宇之所以会这样，是因为他得到了一个消息：公司为了减少支出，对各个部门都下达了裁员指标。王宇知道了这个消息之后，可比热锅上的蚂蚁还要急躁，总是担心部门是否会把自己裁掉。

他家里不富裕，全家上下就指着他一个人的工资过活。而且现在女儿还面临高考，这时候如果自己的工作再出现什么岔子，那可真是一个沉重的打击。可是部门自从接了这个通知后，市场部并没有马上给上面交出名单。

这样一来，王宇心中一直在想，如果自己下岗了怎么办？因为总是处在这种恐惧之中，王宇工作的时候思想不集中，频频出错，受到了上司的严厉批评。王宇每天就像是一只惊弓之鸟，有点儿风吹草动就紧张不已。

事实上，焦虑只是因为不能明确未来即将面对的场景而将自己陷入过度恐惧中。在大多数人眼中，焦虑是一种令人心神不宁的负面情绪，让人备受煎熬。然而，心理学研究表明，适当的焦虑能够帮助我们在工作时进入最佳状态。如果一个工作场景中没有一丝焦虑的气息，员工反而会缺乏动力。

加拿大多伦多大学的科学家们对焦虑的诱因及表现做了深入的研究。他们发现，在工作场所导致的焦虑一般分为两种：第一种属于个人性格特征。如果一个人时常出现焦虑的情绪，在工作场景中，相较于其他人，他更容易感到焦虑；另一种指的是某项特定的工作会引发焦虑。比如当一个人当众演讲或受到工作审查时，焦虑情绪会分散他们的注意力，从而导致工作成绩欠佳。

但是，一个人面对焦虑的表现往往取决于他的焦虑程度。当一个人经常沉浸在对存在不确定性的未来的恐惧中时，就会影响自己正常的工作决策和进度，导致自己非常疲惫和倦怠。不过，适当的焦虑可以促进和推动表现，帮助我们集中注意力，督促我们的行动。

许筱明天有一个演讲，这是她第一次上台。所以，演讲的前几天，许筱一直处在焦虑之中。为了避免自己在演讲过程中出现失误，她不断推敲演讲的内容和过程，对可能出现的不利情况做出预备方案。

等到演讲结束之后，许筱开心地对朋友说道："演讲非常顺利，虽然一开始的时候，我因为害怕说话的声音比较小，但是听众们非常热情，掌声也非常激烈，慢慢地我就将紧张忘在脑后了，只想着要好好地将准备好的东西讲出来。"

关于焦虑和工作效率的关系，心理学上有这样一个结论："当你不焦虑或焦虑程度很低的时候，工作效率也会低；当你焦虑程度很高的时候，工作效率同样会低；但当你焦虑程度适中的时候，工作效率就会最高。"

这一现象能够从生理学角度做出解释，当一个人处于情绪稳定的状态时，交感神经和副交感神经会相互制约，达到平衡的状态。而当我们出现焦虑的情绪时，交感神经就会打破平衡，并处于主导地位。这时，交感神经会引发心搏加强和加速、新陈代谢加快、疲乏的肌肉工作能力增加等生理状态，使人体的思考和行为反应更为迅速。

焦虑是人类在与环境、生存相适应的过程中发展起来的情绪，对于帮助我们面对具有挑战性和危险性的活动具有积极的意义。只有当焦虑超过了一定的程度，才会表现出病理性。

而适度的焦虑具有警示作用，当我们意识到外界的环境与自己熟悉的环境出现偏差时，我们会选择搜寻环境中的良性因子，然后根据这些良性因子去调整自己固有的行为模式。因此，适度的焦虑使我们更敏锐地察觉外界环境的变化，并做出积极的改变。

索伦·克尔凯戈尔曾说过："谁学会使自己正确恰当地焦虑，谁就学会了至高无上的本领。"所以，面对焦虑情绪，我们不要习惯性地拒绝和逃避，拒绝和逃避只会让内心的冲突和不安更加强烈。

其实，焦虑并不可怕，如果我们能够学会接纳焦虑，而不是将大量的精力花费在消除焦虑上，就会发现自己其实并没有想象中那么害怕。而且，如果我们能够保持适度的焦虑，会有助于我们进入最佳的工作状态。

# 9
## 愧疚感让你从错误中吸取教训

　　愧疚感是人特有的一种情感，源自遭遇失败或伤害他人而产生的懊悔、自责的心理。愧疚的程度取决于失败或错误带来的影响以及对他人的伤害程度。同时，愧疚是一种非常重要的自我意识情绪，它能够帮助人们对自己的过错进行反省，意识到自己的错误，并从中吸取教训，做出弥补性行为。

　　愧疚感的产生，对孩子的身心健康起着必不可少的作用。心理学家研究发现，一味地排斥、逃避愧疚感的产生，会阻碍一个人良好道德品质的形成以及责任心的发展。当一个孩子抢夺他人的玩具时，如果愧疚感无法产生影响，他就不会意识到自己的错误，从而变得变本加厉。

　　古语云："人非圣贤，孰能无过？"做错事并不可怕，可怕的是因为自己的失误而陷入不断的愧疚与自责之中。如果我们长期处于一种愧疚的状态，就很容易产生焦虑、不安、恐慌等负面情绪。如果在这些负面情绪中沉沦，不但会让你

失去斗志，还会引发众多身体健康问题。

没有人能够不犯错误，适当且合理的自责，能够让人看到自身的不足，做出积极的改变，并且能够让人更富有责任感。但是，如果超过了某个限度，甚至完全因为自己造成的负面影响而自责，就会让人完全忽视自身的优点，盲目自卑，对生活失去信心。

有一个心理医生接诊了一个病人。

医生为病人制定了三个疗程，并且告诉病人，三个疗程之后，他一定会康复。然而，在进行治疗的过程中，病人并没有根据医生的建议去做自主治疗。结果，病人的症状并没有缓解，甚至还开始出现了幻觉，连安眠药也不能够帮助他入睡了。

心理医生陷入了痛苦之中，并且开始不断地自我怀疑，他想："这都是我的错，因为我太没用，才会让他自主治疗不积极，我的责任是让他好转啊。"

过分的愧疚感，会让你主动承担并不属于自己的失误，并在畸形责任感的迫使下使自己的压力骤增。然而，这只会令你的生活变得更加沉重，让你不堪重负。

在工作和生活中，失败和犯错是难以避免的，只有善于从失败和错误中吸取教训的人，才会让自己变得更加成熟。而愧疚感恰恰能够促使我们避免再次遭遇失败。

适度的愧疚感会使人产生焦虑、不安等情绪，正因为这些负面情绪，在今后的工作和生活中，我们为避免因错误行为带来的不良体验，会更加注意自己的言行，从错误中吸取教训。心理学研究表明，愧疚感带来的痛苦体验，会使我们在做出某种行为时，进行自我评估，有效地抑制冲动或错误行为的产生。

迪肯斯经常在附近的一家公园散步，他非常喜欢公园中的花草树木。当他见到那些树木被不必要的大火烧毁时会感到十分伤心，因为公园中发生的火灾更多时候是由于在公园野餐，享受野外生活的游人导致的。

有一次，迪肯斯在公园中骑马时见到了一群在公园中烤热狗的人。他感到十分愤怒，明明公园的告示牌上写着"任何人在公园内生火将受到处罚或拘留"，然而，这些人置若罔闻。他走到那群人面前，警告他们如果在公园内生火，很可能会被关进监狱，并以命令的口吻让对方将火扑灭，如果对方不听从自己的话，他就会报警。

那群人虽然在迪肯斯的威胁之下扑灭了火，但对这种高高在上的人充满了怨恨。等迪肯斯离开之后，作为报复，他们又继续生火野餐，并极度渴望燃起大火。最终，不知是对方的刻意为之，还是疏忽，公园内再次发生了火灾。迪肯斯认为是自己的所作所为，触怒了那些人，感到十分愧疚。于是，当他再次遇到在公园中野餐的人，他改变了自己的警告方式。

他说："朋友们，你们玩得开心吗？我以前也很喜欢烤一些东西吃，但是，你们应该知道，在公园中生火是一件非常危险的事，很可能因为没有将火完全熄灭而导致火灾。当然，

你们看起来并不是会疏忽大意的人，但是，很可能因为有人见到了你们生火，也来到这里野餐，我可不敢保证他们也能够像你们这几位一样谨慎。所以，我建议你们到山丘的另一头野餐，那里的风景也很不错，而且在沙坑中生火并不会造成任何损害。你们觉得呢？祝你们玩得愉快。"

我们感到愧疚，说明我们具有一定的自我反省能力，能够对自己的想法和行为加以约束。适度的愧疚感是心灵的"报警器"，会提醒我们照顾他人的感受，有利于我们更好地处理人际关系。如果我们能够管理好自己的愧疚情绪，就能够不断地在错误中吸取教训，不断完善自己的言行，使自己变得更加强大。

# 第八章　反脆弱：提高自我效能感

# 1
## 成功的体验越多，自我效能感越高

心理学中，有一个名为"自我效能感"的术语，它指的是个体对自己是否有能力完成某一行为所进行的推测和判断。而心理学家班杜拉将它解释为"人们对完成某项目标的自信程度"。它反映了个体对自己是否有能力应对外界挑战的信念，"自我效能感"越高，人们对成功的渴望与追求就会越强烈。

2018 年，世界电子竞技大赛上，IG 战队在刚刚跻身世界赛之后，又遭遇了当时如日中天的电竞豪门——KT 战队。在鏖战 5 局之后，IG 战队险胜 KT，将其斩落马下，随后一路高歌猛进势如破竹，最终取得了世界赛的冠军。比赛结束之后，有人评论说："没有队伍能够打败战胜 KT 后的 IG。"击垮 KT 战队所带来的强大自信，使 IG 战队在之后的比赛中不畏惧任何困难与挑战。

在现实生活中，对于某一件事情，你能否相信自己的能力，能否对这件事的结果产生积极期望，对自信心的提高起着至关重要的作用。然而，大多数人都缺乏这种自信，甚至在事情开始之前，就在不断质疑自己的能力。在面对失败时，他们反而会松一口气，将结果视为意料之中的事。而这就是自我效能低的表现，自我效能低的人往往无法对自己的能力做出正确的估量，从而心安理得地接受每一分失败。

这种结果产生的原因，一般与以往的失败经历有关，尤其是在童年时期。一个人的成功取决于天赋、努力程度、时机等诸多因素，这就意味着并不是只要足够努力就一定能够获得成功。然而，在很多人的认知中，努力没有达到预想的结果就是自身的能力不足所导致，这种错误的认知就会影响到一个人对自我效能感的认识。

个人的成功体验，是提升自我效能感最直接、有效的方法。比如，如果你曾经做过一次成功的演讲，那么当你再次站在讲台上就一定会充满信心。而一个人成功的体验越多，自我效能感就越高，也就更加自信。

1984年，一位名不见经传的日本选手山田本一取得了在东京举办的国际马拉松邀请赛的冠军。在面对记者采访时，他给出了自己获得冠军的秘诀："凭智慧战胜对手"。

很多人都认为，这个矮个子获得冠军纯属侥幸，还大言不惭说什么"凭智慧战胜对手"。在他们眼中，马拉松是一项依靠体力和耐心的运动，只有良好的身体素质和耐力才有机会夺得冠军。

然而，两年后，在意大利举办的国际马拉松邀请赛上，山田本一又一次获得了冠军。记者采访问道："上一次你在日本获得了世界冠军，这一次又压倒了所有对手，取得了第一名，你能讲一下自己的经验吗？"山田本一依然用"智慧"

来解释自己的成功。

10年之后，山田本一在自传中讲述了自己跑马拉松的智慧："在每一场比赛开始之前，我都会将比赛的路线仔细地分析一遍，然后将路途中具有明显标志性的事物记录下来，像银行、树木、房子等，一直到比赛的终点。比赛开始之后，我会向着自己规划的第一个目标冲去，然后冲向第二个目标。40多公里的赛程，被我分解成了很多小目标。最开始的时候，我并不明白这种方式的意义，所以经常将自己的目标定在40公里之外的终点上，然而，我跑到十几公里的时候，面对前面那段遥远的路程，会有一种无力感。当我一步一步完成着每一个小目标时，就是在收获成功与希望。"

所以，像山田本一一样，不断为自己设立比较容易完成的目标，能够在不断的成功中提升自己的自我效能感，从而使自己变得更加自信。除此之外，我们还可以通过积累代替性经验，来达到提升自我效能感的目的。比如当我们见到与自己能力和条件相似的人取得成功之后，会增加自己实现相同目标的信心，不断暗示自己"他能做到的事情，我也一定能够完成"。但是，我们要注意，一旦对方遭受失败，很可能降低我们的自我效能感。所以，对于代替性经验一定要慎重选择。

哲学家詹姆士曾说："人类本质中最殷切的要求是渴望被肯定。"他人的认可与赞美以及自我肯定，在一定程度上也能够提升我们的自我效能感。但是，缺乏事实基础的评价并不能产生这种效果。所以，我们还要善于发现自己的优势与进步，通过在自己擅长领域所取得的成就来激励自己，在不断地自我比较中感受到自己的进步。这种小小的改变就是自信心的源泉。

自我效能感高的人，在日常的工作和生活中会充满信心和决心，从而在面对某些困难时能够更好地发挥自身的潜能而取得成功。而自我效能感低的人，往往会出现消极心理和无力感，所以，通过不断积累成功的体验，提升自我效能感是一件非常具有现实意义的事情。

# 2
## 正确归因，失败的原因不只是能力不足造成的

当我们在面对失败时，有些人会将失败的原因归结为他人未能提供有效的帮助、领导者不合理的指挥、资源条件的缺失等因素，但也有人认为是由于自身能力不足或疏忽大意等因素导致了失败。这种为自己的成功或失败寻求解释的过程就是归因。

归因方式可分为两种：内部归因和外部归因。外部归因指的是，将成功和失败的原因归结为环境、运气等外界因素，这些外界的不可控因素令你无能为力，你就不需要承担责任。最常见的例子就是将迟到的原因推脱给恶劣的天气。内部归因则表现为在遭受失败时，会率先反省自己，将失败的原因

归结到自己身上。然而，任何事情的结局都有其必然性，导致成功和失败的因素往往并不局限于某一方面。

比如一个男孩向一个女孩表白被拒，他就习惯性认为自己不够优秀、不够努力，自己的能力未能达到对方的择偶标准，从而深陷沮丧或焦虑的情绪中，甚至出现自暴自弃的行为。但事实上，有时候根本就不是自己的能力或努力程度不够的原因，很可能只是因为对方希望交一个比自己年龄大的男朋友，而这些因素是你无论如何努力都无法改变的。

再比如一个女孩因为今天男朋友的态度比较冷漠，开始担心是不是自己做错了什么，是不是对方不爱自己了，从而感到不安或自责。可是，对方也许只是因为在工作上被老板批评或者自己喜欢的球队输掉了比赛，因而感到郁闷而已。而一旦因这种错误的归因方式去上纲上线，反而会在彼此的争执之中损害双方的感情。

归因只是个体的一种主观解释，并不能将其视为影响成功或失败的主要因素。然而，恰恰是这种带有主观色彩的自我认知，往往要比真正的原因更能影响一个人的行为和心态。

有这样一对兄弟，一个十分乐观，另一个十分悲观。有一次，父母将乐观的孩子放在了堆满马粪的棚子里，将悲观的孩子放在了有很多漂亮玩具的屋子里。悲观的孩子认为父母不愿陪伴自己，所以将自己一个人关在屋子里，于是，伤心地哭了起来；然而，乐观的孩子兴奋地认为父母是想让自己看到小马，心中充满了期待，并不断清理散落在门口的马粪。这种不同心态的表现，在很大程度上来源于习惯性的归因方式。

总的来说，人是有主观能动性的，能够对客观环境和主体因素进行分析，对自己行为失败的结果进行归因。然而，一旦将不可控制的消极事件或失败结果归因于自身的智力、能力的时候，心理便会出现一种无助和抑郁的状态。当这种状态不断累积，个体对自己的评价也会降低，而且很容易彻底陷入绝望的情绪中，做任何事情都会没有动力，无助感也由此产生。

如果你做一件事情失败了，然后认为自己没有完成这件事情的能力，就会形成悲观的认知模式。但是，可能你再努力一次就能获得成功，却因为之前的失败而选择了放弃。长此以往，你就会形成"习得性无助"。这就像鲁迅先生笔下所描写的"孔乙己"，明明可以通过自己的努力改变命运，却最终随波逐流，最后落得悲惨的下场。

所以，我们需要客观地看待每一次失败，正确地归因。就像泰戈尔所说："让我不要祈求免遭灾难，只让我能大胆面对它们。让我不要祈求痛苦的平息，只愿赐予我征服它们的勇气。"

罗斯是一名飞行员，一次飞机失事中他受了重伤，全身百分之六十五的皮肤都烧坏了。手术之后，罗斯发现自己无法拿起叉子，更无法一个人上厕所。但是，即使遭受了这样的挫折，罗斯也没有陷入绝望。

当最后一次手术做完之后，罗斯积极进行康复训练，6个月之后，他又能开飞机了。后来为了生活，罗斯和两个朋友合资开了一家公司，专门生产以木材为燃料的炉子，并且获得了巨大的成功。功成名就时，罗斯再一次驾驶飞机时遭遇了意外。这一次，他的脊椎受到重创，粉碎性骨折，腰部以下永远瘫痪了。这一次事故，几乎让罗斯绝望："我始终搞不清楚，为什么这些倒霉的事情总是发生在我的身上？"

但是最终，他还是挺了过来，并且在出院之后，说的第一句话就是："我完全可以掌握自己的人生之船，我可以选择把目前的状况看成倒退，或是一个全新的起点。"

一个认为自己屡战屡败的人，总是能够找到退缩的借口；而一个激励自己屡败屡战的人，往往总能找到前进的理由。如果将失败全部归结为内部原因，在很大程度上会打击一个人的自信心，导致自己更加悲观；而如果将其全部归结为外部原因，很容易令人产生挫败感和无力感，以致自暴自弃。所以，找到合理的归因方式最为关键。

# 3
## 巴纳姆效应：找到认识自己的魔镜

生活中有一种很有趣的现象，当有人以一种带有广泛性和模糊性的形容词来描述一个人时，他就会容易接受这些暗示，并将其与自己的特点对号入座。这种倾向在心理学上被称为"巴纳姆效应"。

这个效应以一位著名的杂技师肖曼·巴纳姆的名字来命名，他曾在评价自己的表演时表示，自己之所以备受欢迎，就是因为在表演的节目中添加了每个人都喜欢的元素，所以，他的表演使得"每一分钟都有人上当受骗"。

1948年，心理学家伯特伦·福勒通过实验证明了这一效应。他对学生进行了一项人格测验，并根据测验的结果对学生的人格进行了全面的分析。他要求学生对测评结果与自身特质的契合度进行评分，在最高分为5分的标准下，学生给出的评分的平均值高达4.26分。但是，事实上所有的人格分析结果都是一模一样的，是星座与人格关系中描述的通用语句。

在心理学上，"巴纳姆效应"的产生源自个体的"主观验证"。在我们的大脑中，"自我"拥有很大的占比，于是，在我们的潜意识中就会认为所有关于"我"的事物都是重要的。这就导致了一旦我们想要去相信一件事，我们总能搜集到各种支持自己的证据，哪怕是毫无联系的事情，我们都可以通过某种逻辑让它符合自己内心的预想。也正因为如此，人们才会常常迷失自我，很容易将周围的信息暗示当成是完全正确而深信不疑。

爱因斯坦小时候格外贪玩，他的父亲为了启发他，为他讲述了一个故事："有一次，我和邻居杰克大叔一起去清扫一个大烟囱。当清扫工作完成之后，我们一起爬出来时，我发现杰克浑身上下都被烟囱里的烟灰蹭黑了，我心想自己一定

和他一样，脸脏得像一个小丑。于是，我跑到小河边清洗。然而，我的身上并没有太多的烟灰，杰克见到我的模样，以为自己和我一样就放弃了清洗。结果，街上的人差点笑破了肚子，还以为你的杰克大叔是一个疯子呢。"

爱因斯坦听完，忍不住和父亲一起大笑起来。最后，父亲对他郑重其事地说："其实，别人谁也不能做你的镜子，只有自己才是自己的镜子，拿别人做镜子，白痴或许会把自己照成天才。"

在生活中，我们经常会受到"巴纳姆效应"的影响。就如同一句俗语"当局者迷，旁观者清"，在认识自己的过程中，我们很难以局外人的身份来审视自己。当我们借助外部信息认识自己时，就很容易接受来自他人的暗示，将他人的言行作为自己行动的参照，产生自己认知偏差，如从众心理就是最典型的一个例子。

有些人盲目相信星座性格测试，认为分析结果将自己刻画得细致入微、准确至极，就是"巴纳姆效应"在作祟。而事实上，曾经有研究人员将第二次世界大战的发起者——希特勒的生日资料进行星座性格测试，居然得出了"非常喜欢小动物，富有爱心，热爱和平"的结果。

所以，避免"巴纳姆效应"，才能客观地认识自己。那么，我们该如何有效地避免"巴纳姆效应"呢？

## 1. 学会面对自己

当从不裸睡的一个女人醒来后，发现自己一丝不挂时，她的第一反应是发出尖叫，并马上用手捂住自己的眼睛。从心理学角度分析，这就是不愿面对自己的表现，因为自身存在某种"缺陷"或自认为存在某种"缺陷"，便试图用自己的方式将其掩盖，自欺欺人。

所以，我们要学会从容地面对自己的一切，不要将自己的"缺陷"以某种方式进行掩饰，让自己无法真正看清自己。

## 2. 收集信息以增强判断力

每个人都不可能时刻具有明智和审慎的判断力，而判断力是建立在信息基础之上的决策能力。没有足够信息的支持，就无法做出明智的判断。如果想要培养自己的判断力，我们首先要培养自己收集信息的能力。

## 3. 以人为镜

古语云："以人为镜，可以明得失。"所以，通过与身边的人进行比较能够更好地认识自己。但是我们要注意的是，不要拿自己的劣势与他人的长处作比较，也不要拿自己的优势对比他人的不足。根据实际情况，选择合适的比较对象，才能相对客观地认识自己。

## 4. 善于总结

在重大的成功或失败中总结经验和教训，能够帮助我们获取自己个性、能力的信息，从中发现自己的长处和不足。越是对我们影响巨大的事件越容易反映出自己的真实性格。

我们想要真正地看清自己，就要避开"巴纳姆效应"，

拒绝外界信息的干扰，无论成功还是失败，都要从客观的角度来分析自己，只有这样，才能找到那块映出真正自己的镜子。

尼采说："聪明的人只要能掌握自己，便什么也不会失去。"只有正确地认知自己，了解自己的优势与短板，才能对自己的人生做出准确的判断，避免心浮气躁、好高骛远，才能知晓自己的容量，摆正自己的位置。

# 4
## 适当降低自我要求，从而缓解焦虑

有些人之所以会感到焦虑，很大部分原因来自对工作或生活过高地评估。个人主观的评估代表着一个人的个人判断，受环境、经历、情绪等诸多方面的影响，很可能因为设立的目标过高无法实现，从而导致自我怀疑。无论工作还是生活，努力做得更好无可厚非，但如果每件事都吹毛求疵就会严重影响个人的生活状态，从而引发不必要的焦虑感。

自我要求过高也可以理解为追求完美。完美主义是一把双刃剑，它能够促进一个人的发展，但是，一旦这种完美过于偏执，就会成为一个人成长的阻碍，导致焦虑症产生。追求完美的人，对自己的主观评估往往与现实的能力严重脱节，他们会将自己的潜力错看成是自身的能力，就会为自己设立一个较高的目标。然而，他们凭借当下的能力根本无法达到自己的预期，于是，在面对一次又一次的失败时，他们会感到异常的焦虑。

瑞士苏黎世大学临床心理学的研究人员通过研究发现，完美主义者比非完美主义者会承受更多的压力。研究人员邀请了50位40多岁的健康男性参与了心理和性格的调查问卷，调查他们为自己设立的标准和对犯错的态度。

调查结果显示，在这一人群中，有一半以上的人具有完美主义特征，而这些人相较其他人会更加焦虑和疲惫。同时，研究人员为这些测试者进行一项压力测试，结果显示完美主义者的应激激素（皮质醇）水平要高于其他人，而这就意味着他们长期处于压力之下。

心理学家萨拉·埃德尔曼在《改变你的想法》中表示，一个对自己要求过高、追求完美的人不能放松下来去享受日常生活，因为，他们的时间往往都是在焦虑、担忧等负面情绪中度过的。她在对完美主义评价时说："有时候，它实际上可能会适得其反，导致拖延和无所作为，因为人们仍然停留在一个特定的任务上，试图完美地完成任务，而不会继续下一个任务。"

而且，大量的心理学研究表明，完美主义心态所导致的焦虑和抑郁，会严重影响人们的生活质量，以至于被作为抑郁症状的前兆，并成为造成抑郁自杀的重要诱因。

阿拉斯戴尔·克莱尔是牛津大学的高才生，毕业之后成了著名的学者。他得到了无数人的尊敬和推崇，获得了很多

奖项。他曾经亲自编剧、导演、制片并推广发行了一部名为《龙的心》的电视片,这部片子获得了美国电视界的最高奖项——艾美奖。然而,他没有出现在艾美奖的颁奖现场,因为在他48岁时,他扑向了一辆疾驰的火车,以自杀的方式结束了自己的一生。

他的妻子回忆说:"他曾经赢得过很多比艾美奖还要大的奖项,但始终没有一个可以令他满意的,他在做完一件事情后就必须开始另一个目标,以求得到完美的结果。"

虽然众多荣誉加身,但克莱尔从来没有认为自己已经足够优秀,他看不到自己的成就,只能看到自己的不足。

有时候,适当降低自我要求,能够让我们更好地面对生活,在成功与失败之间留出一个缓冲的空间,不至于被接二连三的失败将自己的自信心彻底击碎。而且,我们要对自己的能力有一个清晰的认识,设定合理的目标,做力所能及的事情,每天进步一点点才是正确的选择。

亚伯拉罕·林肯是美国历史上具有很大影响力的总统,但他的一生充满了坎坷。22岁时,他失去了工作。23岁时,他决定投身政治,但没有成功,而经商失败又给了他当头一棒。34岁时,他竞选国会议员,名落孙山。39岁时,竞选国会议员再次失败。然而在51岁时,他成了美国第16任总统。

林肯谈起自己的经历时说:"失败让人痛苦。"但是,他懂得失败会带给自己成功的经验,他并没有因一次又一次的失败而自暴自弃,反而向着更好的方向继续前进。就像《约翰·克利斯朵夫》中所写："英雄不是没有脆弱的时候，只不过不被脆弱征服罢了。"

鲁迅曾说："人与人是不同的，有的专爱仰望黄陵，有的却喜欢凭吊荒冢。"很多时候，我们不过是对自己的要求太高了，其实，你仔细打量这个世界，就会发现它并没有想象中那么糟糕，适当降低一点对自己的要求，我们就可以更加轻松和满足。梦想与现实之间一定会存在差距，如果我们的眼睛只盯着梦想，终究会被两者之间的落差打败。所以，不如脚踏实地，做好眼前力所能及的每件事。

# 5
## 拥有被讨厌的勇气：原谅自己不合群

在现实生活中，有这样一群人，他们总是太过在意他人的评价，在乎他人的感受。当拒绝别人的时候，担心会影响彼此之间的关系；当与别人沟通时，总是谨慎地挑选话题，甚至在网上沟通的时候也会字斟句酌，害怕说错话，给对方留下一个不好的印象。

我们之所以去选择讨好他人，就是因为内心缺乏自信，害怕失去。渴望他人的赞美与认可是人的天性，但由于脆弱的心理，如果我们没有得到足够的正面反馈，就会努力调整自己的言行取悦他人，最终在讨好中迷失真实的自己。习惯性取悦他人和童年的遭遇有很大的关系，当一个孩子无法获

得父母的关注与疼爱，他就会强迫自己用懂事来换取父母的认可与表扬，用讨好来博取父母的关注。

然而，心理学研究表明，具有取悦型人格的人在人际交往的过程中往往并没有想象中受欢迎。因为在别人眼中，他们没有自己的原则与底线。另外，他们总是将注意力集中在他人身上，习惯性令他人感到满意，却无法真正满足自己的需求。一旦脆弱的内心受到伤害，需要花费很长的时间去治愈。

乔布斯曾说："你的时间有限，所以不要为别人而活。不要被教条所限，不要活在别人的观念里。不要让别人的意见左右自己内心的声音。最重要的是，勇敢地去追随自己的心灵和直觉，只有自己的心灵和直觉才知道你自己的真实想法，其他一切都是次要。"虽然被他人认可是构成人际关系的基石，然而，一旦过度追求这种"被认同"，就会让真正的自我遍体鳞伤。

张爱玲遇见胡兰成之后，百般讨好卑微到尘埃中。但是，她的迎合讨好并没有换来胡兰成的珍惜。胡兰成对她而言是生命中不可或缺的一部分，但她对胡兰成来说仅仅是一个过客。诗人席慕蓉曾在《独白》中写道："在一回首间，才忽然发现，原来，我一生的种种努力，不过只为了周遭的人对我满意而已。为了博得他人的称许与微笑，我战战兢兢地将自己套入所有的模式所有的桎梏。走到途中才忽然发现，我只剩下一副模糊的面目，和一条不能回头的路。"

我们要知道，当一个人卑微如尘埃时，他就失去了人生中最后一抹颜色，遮住了自己的明媚，也亲手将自己推向了无尽的深渊。很多时候，我们活得这么用力，是为了变成他人所期待的样子。但真正的人生，是不被他人绑架自己的梦想，按照自己的意愿走完全程。真正强大的人，从不在乎别人的眼光。所以，我们要懂得自己并不是为了满足别人的期待而活着，要拥有被别人讨厌的勇气。

　　心理学研究发现，敢于做自己的人的内心才最有力量。学会做自己，学会心理独立才是一个人真正的成熟与强大。就像马克·鲍尔莱因所说："一个人成熟的标志之一就是，明白每天发生在自己身上的99%的事情，对于别人而言根本毫无意义。"

　　英国著名作家狄更斯一直我行我素，不在意周围人的眼光。他为积累生活资料，无论什么样的天气，每天都坚持到街上去观察行人，记录下他们的一言一行。就这样，他才能在《大卫·科波菲尔》中写出精彩的人物对话描写，在《双城记》中留下逼真的社会背景描写，从而成为英国的一代文豪。

　　对他人认同的极度追求，会将你变成他们喜欢的样子。但真正的成长是爱与尊重，是成为真正的自己，你不需要任何人来界定你的好坏，也不需要任何人来评价你的应该和不应该。像莎士比亚说的"忠实于自己，追随于自己，昼夜不舍"才是最好的选择。

# 6
## 期待：激发潜能的"皮格马利翁效应"

很多时候，一个人的自我期待在很大程度上会激发自身的潜能。这就是不断暗示带来的结果。消极的心理暗示，能够让人失败。而不断地进行积极的自我暗示，能够让你完成原本不可能完成的事情。

希腊神话中有这样一个故事：塞浦路斯的国王名叫皮格马利翁，他不喜欢凡间的女子，决定永不结婚。有一次，他灵感闪现，于是雕塑出一个十分完美的少女像。这个少女像非常美丽，楚楚动人。国王皮格马利翁认为自己爱上了这尊雕像。

于是，他请求爱与美神阿佛洛狄忒帮助他。阿佛洛狄忒被国王的真情感动了，决定赐予雕像生命。后来，少女雕像果然复活了，皮格马利翁梦想成真，和这名少女成婚了。

这就是心理学中"皮格马利翁效应"名字的由来。1968年，美国著名的心理学家罗森塔尔和雅各布森通过实验，验证了这一效应。

他们在一所小学中为学生们做了一场智商测验，但测验结果并没有被公开。之后，他们从这些被测验者中选出了一部分人的名字，制成了一张"高智商学生"的名单，将其交给校方的老师，谎称名单上的学生有更高的天赋。8个月之后，他们返回学校，再次对所有的学生进行了一次智商测试。他们发现，相较于其他学生，名单上"高智商学生"的测试结果有了明显的提高。

"皮格马利翁效应"指的是，人们对于事情发展的期望，将对事情发展的走向产生相应的导向性影响。简而言之，就是你期望什么，你就会得到什么。很多事情，只要你充满自信地期待，那么事情就很有可能会顺利进行。有的人在做一件事情之前，便会说"这太难了""我根本没有办法完成"之类的话，其实就是在对自我下暗示。在潜意识中，你就会认为这件事情你根本完不成，因此也不会拼尽全力去做。那么，最后得到的结果自然就是失败的。

与之相反，如果你遇到了一件困难的事情，便对自己说"嗨，没有什么困难的""这点儿小事，我完全能够解决"……那么，最后得到的结果，有很大可能能够如你所愿。

心理学家马尔兹曾经说过："我们的神经系统是很'蠢'的，你用肉眼看到一件喜悦的事，它会做出喜悦的反应；看到忧愁的事，它会做出忧愁的反应。"同样的道理，如果你一直对自己进行积极的自我暗示，那么你就能够战胜困难；如果你一直对自己进行消极的自我暗示，那么你就会进行自我放弃。

有研究表明，暗示的力量是人们无法想象的。如果一个

人对自己没有了期待，那无异于是放弃了自己的人生。这样的人，在生活中做什么事情都很难成功。当他们失败了之后，就会认为自己果然是一个无能之人，从而形成恶性循环。

所以，我们情绪低落的时候可以经常给自己积极的暗示，如"我很棒""我一定能赢""没有什么能够打倒我"……通过这种自我赞美和肯定，对自己有所期待。然后，在做事情的时候，你就能够充满信心，并且建立正确的价值观。

美国心理学家威廉斯曾说："无论什么见解、计划、目的，只要以强烈的信念和期待进行多次反复的思考，那它必然会置于潜意识中，成为积极行动的源泉。"曾经有一个拳王，每次被记者采访的时候，总会说一句："I'm best!"这就是一个积极的自我暗示，并且你期待着自己能够变成最好，然后在这个自我暗示的激励下，不断地朝着这个目标前进。学会积极的暗示，在很多时候能够激发内在的潜能，帮助人们完成不可能完成的事情。那么，在生活中我们怎样正确地去运用"皮格马利翁效应"呢？

### 1. 心中建立一个积极的期待

根据"皮格马利翁效应"的定义来看，最后得到的结果，正是你所期待的。如果你的心中没有积极的期待，那么很难获得积极正面的结果。而且，这个期待应该是合理的，可以完成的。如果你只是一个工薪阶层，期待的下一阶段的小目标是赚一个亿，那就是不符合实际的空想了。

### 2. 正确的自我认知

明确自己现在是什么状态，然后去合理地期待。很多时候，期待只是一个引子，接下来的付诸实践才是关键。比如说，你距离目标还差多远，你还需要做什么等。只有对自我有了正确的认知，你才能够做到胸中有数。如果只是一味地期待，没有正确的认知，对付出没有思想准备，最后的结果很可能会形成巨大的落差。

### 3. 积极地去行动

如果没有行动，只是一味地空想，无论什么样的期待最后都会落空。在这个过程中人们可能会遇到困难，有一些人就会选择放弃，其实只要坚持做下去，就能够取得成功。同时，不要操之过急，规划好进度，每天坚持完成。积少成多，一段时间之后，就会发现你离目标又接近了一大步。

总而言之，在生活中，我们要学会巧妙地运用积极暗示，同时也要注意，在暗示自己的时候，要尽量选择比较简单、能够完成的目标，反复进行，这样才能够起到最好的效果。

# 7
## 有的时候，我们真的需要自恋一点

提起"自恋"，大多数人都想到狂妄、薄情、自以为是等形容词。在我们的生活中却不乏这样的人存在，他们爱上

了幻想中的自己和世界，就像主持人梁文道说的一样："这是一个我们所有人都极度自恋、自我膨胀的世界，每天都在照镜子，问魔镜魔镜告诉我，世界上谁最美。"

自恋在心理学上解释为一种过度关注自我，对他人缺乏客观认识的心理。这种病态的心理，使得个体在日常生活中总是以自我为中心，对外界信息的关注度降低，从而导致他们在人际交往的过程中显得脆弱且敏感。在他们的心目中，任何人都无法与之平等，而在一言一行中透露出的轻视与贬低，使他们幻想中的完美形象得以维持。

心理学家科胡特对自恋进行了新的拓展与诠释，他认为自恋是一种凭借胜任的经验而产生的真正的自我价值感，是一种认为自己被值得珍惜、保护的真实感觉。我们可以理解为，一个人有点自恋是正常的，只有个体过度自恋，才会让人们有所反感。

英国贝尔法斯特女王大学的心理学教授考斯塔斯曾做过一项调查，他们从3所意大利学校中选出了340名学生。这些学生都是正常的自恋患者，但并没有出现病态的自恋心理。调查结果显示，那些表现谦恭、自恋的学生的成绩反而更加优秀。因此，考斯塔克认为："在某种意义上，适度的自恋反而可能成为一种优秀的品质，自恋的人往往对自我价值的充分实现要求较高，这也会激发他们的主动性和意志力，放在学习上，好胜心和自尊心也就应运而生，让他们必须考出好成绩才能给自己一个交代。"

因此，适度的自恋能够给人带来提升自己的强大动力。日剧女王石原里美刚成为一名演员时，无论是大河剧，还是舞台剧，她都会无条件地接受公司安排的工作。这个时期的石原里美就像是公司的一个提线木偶，一举一动都是别人安排。

然而，当她离开公司之后，她并没有陷入因长期受困无法进行自我选择的牢笼中，反而开始选择妆容，选择衣着，选择朋友，甚至选择工作，选择生活方式，选择一切，变成了一个为自己而活、事事自己做主的女人。这样巨大的转变，造就了她人生的逆袭与成功。而这就是因为她的自恋得到了充分释放。

另外，适度的自恋会带给你强大的自信心。比如在一场比赛中，如果你总是怀疑自己的能力，那么比赛还没有开始，你就已经输了一半。但是，如果你认为自己就是最强的，就会让自己充满信心。这也就是为什么很多政治领袖往往都会有一丝自恋情结。当一个人表现出绝对的自信心时，周围的人就会被他吸引。

而从心理学角度分析，适度的自恋能够帮助我们降低焦虑和抑郁情绪。因为，正常的自恋者拥有更强的自尊心，并不会因自卑感而出现焦虑情绪。就像惠特伯恩所说："如果人们不用去想着法儿寻求别人的认可，这无疑给生活解压不少。"

而且，自恋的人往往会更关注自己的仪表，更愿意花费

时间来修饰自己，这也就意味着他们在竞争激烈的社会中更容易给他人留下自信、成熟的印象。所以，拥有较高的自我价值感、注重他人眼中的自己是一件有积极意义的事情，但我们需要注意把握分寸，将对现实的期望加以节制，避免因自恋产生病态的心理。

适度的自恋其实并不是什么坏事，反而会让你充满信心，积极地面对生活。试想一个连自己都不喜欢的人，又如何去满怀热情地面对生活和未来？

第九章　疗愈脆弱，重塑坚强人格

# 1
## 森田疗法：任由哀伤顺畅地流过内心

很多时候，我们之所以长时间沉浸在痛苦之中，是因为内心的脆弱驱使我们逃避痛苦，并不断强迫自己与某些负面情绪纠缠不休。随着时间的流逝，这些负面情绪不仅没有停止对内心的侵蚀，反而在我们的关注中逐渐积累，变得越发强大。

加拿大魁北克的拉瓦尔大学曾做过一项实验：一家医药公司准备将一种药丸投放到市场去治疗某种疾病。研究人员邀请两组志愿者参与实验，并告知第一组志愿者，实验的结果并不重要，只不过是一场普通的测试；而另一组志愿者收到了与之相反的信息，他们被告知，这项实验十分重要，关系着很多人的生命。

在实验的过程中，第一组志愿者轻松地完成了测试任务，而另一组志愿者则花费了更多的时间来反复检查，焦虑和紧张的情绪随着时间的增长越发严重，甚至开始担心自己没有能力做好这么重要的事情。

现实生活中，很多人会像第二组志愿者一样，在面临挫折和困难时一退再退，以至于引发负面情绪的洪流，使自己被吞噬进这些负面情绪中。

日本医学教授森田正马提出了一项名为"森田疗法"的心理疗愈方法，用于处理因内心脆弱而导致负面情绪不断积压的情况。这项疗法对治疗强迫症、社交恐惧症、抑郁症等心理疾病有着很好的效果。

"森田疗法"的基本治疗原则是"顺其自然，为所当为"。简而言之，就是当我们产生负面情绪时，不要一味地纠结这些情绪，应该顺其自然。当然，顺其自然并不是说对这些负面情绪视而不见，而是在你陷入负面情绪中时，不要刻意逃避，更不要强迫自己过度在意这些情绪，应该主动接纳自己的负面情绪。人生因酸甜苦辣的情感而丰富多彩，如果你过分关注那些负面情绪，很可能将一些原本微不足道的情绪放大到难以控制。

很多时候，情绪的出现和转变并不能通过我们的力量加以控制，就像有时候我们会毫无理由地感到伤心难过，但想要从这种情绪中抽离出来是一件很困难的事情，即使我们脸上出现了笑容，也不过只是在强颜欢笑罢了。

这时，我们就要学会顺其自然，让这些情绪顺畅地从内心流过，等情绪宣泄之后再理智地处理所面对的问题。当你学会接受自己的负面情绪的时候，就会发现，其实这都是很正常的。当你不再纠结的时候，负面情绪就会顺其自然地来，也会顺其自然地走。

一位演讲恐惧症患者向心理医生求助："我刚刚晋升为公司的中层领导，每次主持会议的时候，自己的手都会忍不住

颤抖，然后脑海中不断出现各种各样的担忧：我这么紧张，怎么领导员工？怎么在上级领导面前汇报工作？"

他表示这周末本来要陪着家人游玩，但是突然接到通知，周一要做会议报告，出行计划瞬间被打乱，内心恐惧到极点。

心理医生建议说："按照原计划陪着家人出去玩，要尽兴地玩，开心地玩。周一汇报时，愿意恐惧就恐惧，愿意晕倒就晕倒，能汇报成什么样算什么样，都随它去。"看出了患者表情中的难以置信，医生坚持让他试试看。

按医生指示，这名患者周末硬着头皮出去玩，星期一早晨起来准备汇报，到下午汇报会结束，一切都很顺利。他发现演讲恐惧并没有想象中那么严重，也只是有点心跳加快，口干舌燥，整个汇报还算顺利，于是彻底克服了演讲恐惧。

烦恼是生活构成的一部分，很多人会因为自己陷入情绪低谷而不断地自责，每天战战兢兢，恐惧负面情绪突然袭来。然而，"森田疗法"告诉我们，负面情绪越是压制就越难以消除，所以，接纳是处理负面情绪最好的方法。

当负面情绪如洪水决堤一般袭来，如果我们正面抵抗它，很多人难以承受骤然剧增的压力，甚至会导致自己陷入负面情绪中而无法自拔。有时候，越是计较，情绪就越容易变得激烈，最终一发不可收拾。如果这时候，你选择顺其自然，不将自己的精力过多地放在情绪上，一段时间之后，你就会发现，那股难以承受的情绪在不知不觉中消失了。

人们存在一种劣根性，对越难以得到的东西，就越难以放弃。因为不甘心，所以时常会纠结其中。这个时候，如果还有机会，不妨顺着自己的心意立马去行动。当你那些不甘的心愿被完成之后，那些负面情绪就会被心愿完成的喜悦代替。就像电影《遗愿清单》中讲述的故事一样：一个富有的白人生病了，转移到了临终病房。在这里，他遇到了一个贫穷的黑人，在聊天的过程中，突然聊起了未完成的心愿。富有的白人决定资助黑人，陪他一起完成了那些想要做的事情，两个人逐渐忘记了死亡的恐惧。

在生活中，学会接纳自己的负面情绪很重要。如果你学会了"森田疗法"，那就不会再因为各种负面情绪失去理智，从而做出让自己后悔的事情。

# 2
## 暴露疗法：直接正视和面对问题

心理学中有一种"掩耳盗铃"式的消极心态，被称为"鸵鸟心态"。有些人误以为当鸵鸟遇到危险时它们会将头埋入沙堆，坐以待毙，认为看不到危险自己就是安全的。而实际上，鸵鸟的奔跑速度很快，当它遭遇危险时，如果全力奔跑，足以摆脱天敌的攻击。

很多人在面对突如其来的问题时，第一反应往往是逃避，但回避问题、逃避现实，只能令自己处境更加糟糕，这种逃避行为也是促使自卑心理产生的一大因素。当一个人遭受外

界不客观的评价时，在不断逃避中会潜移默化地产生否定自我的想法，形成大众眼中的自卑性格。

"暴露疗法"也被称为"满灌疗法"，是一种让人直面内心恐惧的场景、思想或记忆的行为疗法，在心理学上多用于个体性格层面的突破，属于比较有冲击力的心理治疗方法之一。这种疗法必须将习惯性逃避者置身于一个可控治疗的环境中，让他重新体验曾经产生畏惧感的经历。其目的是，为了使患者意识到自己所恐惧的不是真实存在，只是内心虚构的一种假象。

比如一个女子在过隧道时遭遇了抢劫，从而对过隧道产生了畏惧心理。她每次回家时，只有避开隧道，绕道而行，才能缓解内心的焦虑情绪。而"暴露疗法"就是要求她每次回家时，一定要途经这条隧道，通过多次的平安无事，来降低内心的焦虑感，消除对隧道的畏惧情结。

"暴露疗法"分为实景暴露和想象暴露，在不给患者进行放松训练的前提下，让患者直接进入最恐惧、焦虑的情境中，以直面的方式迅速校正病人对恐怖、焦虑的错误认识，并消除习惯性逃避行为。实景暴露是指直接将习惯性逃避者带入他所畏惧的情境中，重新建立对所畏惧事物的认知；想象暴露是指让习惯性逃避者想象使他恐惧的场面，同时，心理医生反复讲述其中令他恐惧的细节，加重他的焦虑感，一旦他想象中的结果没有发生，焦虑情绪就会自动消退。

人们有时候会将"暴露疗法"与"脱敏疗法"相比较，

脱敏疗法是从放松的状态逐渐引入产生焦虑的对象，思想或情景，从最小的恐惧心理开始，是由缓至急的过程，而暴露疗法采取直接面对恐惧情景。

当然，暴露疗法也可以采取激进或渐进方法。激进疗法中，可能让习惯性逃避者每两小时就暴露于恐惧场景中一次，渐进疗法面对痛苦刺激的时间则较短。两者的区别主要体现在时间长短与施行频率上。

"暴露疗法"的基本原则就是消除恐惧者与恐惧点之间的条件性联系，然后靠自己慢慢走出心理障碍。

很多内心脆弱的人都有过同样的认知：逃避问题的做法表面上可以让人免于焦虑情绪，但实际上会在无形中加重内心的恐惧。避免逃避最有效的办法就是直面那些场景，对于那些畏惧的场景，你已有意回避多年，如果让人直接面对它们，难以取得相应的效果。所以，暴露疗法也可以分为若干小步骤，不需要一开始就面对最害怕的场景，从某些小的地方入手，循序渐进。

阿米尔·汗主演的《印度暴徒》中有一段台词："每个人生命中，都至少有一次机会能够让他正视自己的弱点和缺点，要去克服它们，与自己软弱的天性相抗争。人生本来就是超越自我，这样才能成就更好的自我，这就是我的信念。"正是这种敢于直面问题的品质，让主人公随着事情发展而不断改变想法，每一次改进都会使事情发展更顺利。

研究表明，直接暴露在所逃避的情景中，要比其他任何非行为疗法，如认知疗法、药物疗法等都有效。所以要想克服习惯性逃避，你就必须先直接面对它，特别是当这种直面问题的方法能被系统使用时，疗效将更为显著。最关键的问题是暴露治疗效果不会在一段时间之后就消失，所以当我们从虚拟场景中战胜自我，接着在现实恐惧场景中取胜时，逃避行为才会被彻底摆脱。

如果真的想完全摆脱习惯性逃避，需要做好以下准备：首先，鼓起勇气面对回避多年的情景，并忍受进入场景时的各种痛苦和不适；其次，把暴露治疗坚持下去，即使中间可能出现挫折，但必须坚持，一般来说可能要持续6个月到两年的时间，如此长的时间更需要充足的心理准备；最后，当你下决心花一到两年的时间用于暴露治疗，肯定能从习惯性逃避中走出来。

有一个深入内心的心理训练，将自己最深刻的经历写在纸上，写完以后就算训练完成。看起来似乎是没有意义没有结果的训练，而事实上，当一个人安安静静与心灵对话，挖掘出那个深埋心底多年，甚至已经遗忘，或有意识去忘记的事情时，这个过程已经在帮助解决问题了。

暴露问题不是故意给自己找不痛快，而是有了问题不逃避，很多恐惧正是因为生活中的问题积压在心里所致。逃避终究躲不开自己，所以不要害怕暴露问题，要敢于去试，去说去做，去面对去解决，最终收获成长。

# 3

## 倾诉疗法：把你的恐惧说出来

在现实生活中，遇到令人感到烦恼、恐惧的事情是在所难免的。如果我们选择对其视而不见，那么，日复一日积累的情绪就像堤坝里的蓄水，一旦得不到有效的宣泄，只进不出，终有一天会酿成决堤崩溃的后果。而倾诉，是一种排解内心情绪的最佳方法。

"倾诉疗法"也被称为"疏泄疗法"，是最常见的心理治疗方法之一。其基本原则是让患者将积压在内心的负面情绪倾诉出来，以减轻或消除心理压力，避免因长期累积导致情绪崩溃。心理学家表明，"倾诉疗法"不仅对神经症、心因性精神障碍、情绪反应等精神疾病有良好的治愈效果，甚至对正常人的心理问题有着极大的帮助。当个体遭遇严重创伤后，内心可能会受到负面情绪的干扰，而倾诉在一定程度上能够维持心理的健康状态。

《长着驴耳朵的国王》讲述了这样一个故事：

有一个富裕的王国，国王深受百姓的爱戴，但他有一个不为人知的烦恼，就是耳朵越来越长。王国内只有国王的理发师知道国王长着一对驴耳朵的秘密，但他被国王命令不准将这件事泄露出去。

日子一长，理发师发现这个秘密积压在心中十分难受，可是，他担心自己泄露秘密后会被国王处死。于是，他在地上挖了一个大洞，每天对着洞口狂吼："皇帝长了一双驴耳朵。"在一通发泄之后，他的心情变得畅快了起来。

相关研究表明，倾诉是缓解恐惧焦虑的良药。当我们因焦虑或恐惧备受煎熬时，不妨尝试着与他人倾诉一下内心的烦恼。当向他人倾诉时，需要从多方面考虑，如倾诉的场所、倾诉对象、对方是否愿意听、是否能够保守秘密等。在倾诉对象的选择上，我们一定要选择经历比我们丰富的人，因为他们能够以过往的经验对我们进行开导。比如婚姻上的问题，可以询问父母；工作上的问题，可以询问年长的朋友或学长、学姐。

统计表明，女性的平均寿命要比男性高三四岁，除了男性面对生活的压力比较大等原因之外，或许也有一部分原因是既有的文化氛围的影响，很多男性觉得应该"男儿有泪不轻弹"，有苦有累也不说，从而内心的压力也越来越大。这样的话，倒不如像许多女性那样，时常絮叨絮叨的好。

"倾诉疗法"，虽然注重"说"，但不一定要将他人作为宣泄情绪的"垃圾桶"，它更多强调的是一种倾诉和宣泄，我们也可以通过其他方式进行倾诉。

## 1. 自言自语

心理学家表示："和自己说话是最安全的发泄方式。"我们对自己说话一样能够达到宣泄的目的，像在教堂中面壁的忏悔者，在寺庙中念念有词的祈福者，都是在对自己倾诉的过程中获得解脱。

心理学家研究发现：当你试着与自己倾诉时，心理上也会出现一种应激反应，中和不良情绪。与向他人倾诉相比，向自己倾诉能够为我们保留更多的私人空间。因此，当我们无法选择恰当的倾诉对象时，不妨试着和自己说说心里话。

## 2. 向宠物倾诉

宠物是绝佳的"情绪垃圾桶"，更是认真的聆听者。同时，它们不会影响你的判断力，而且，能够永远为你保守秘密。

心理学家认为，宠物对人的心理安慰效果，有时比人类倾听者更好。它们还可以通过一些肢体动作给你一些安慰，让你感到舒心和放松，比如舔你的手。相关研究发现，面对宠物，女人更容易肆无忌惮地暴露内心的脆弱，甚至放声大哭。

电影《老炮儿》中，男主人公张学军的儿子离家出走，虽然他嘴上说着不管孩子，心里却无时无刻在挂念着，但是别人问起时，他从不倾诉内心这份担心。他唯一的倾诉对象就是那只名叫"波儿"的鹦鹉。

## 3. 将烦恼写出来

"将烦恼写出来"是美国心理协会向全美的白领推荐的最佳解压方法。心理学家表示："很多时候你感到烦恼，是因

为大脑中积蓄了太多不准确、不完整、缺乏理智的负面信息，大脑的思维不足以缓解。当你将心中的烦恼写成一篇日记时，你就会发现，令你感到烦恼的事情已经不再像之前一样严重。"

美国金融公司经理伍德亨先生能够取得辉煌成就，得益于年轻时养成了调整情绪的习惯。当时他还是一个小职员，经常受到同事们的轻视，后来他忍无可忍，决定离开公司。临行前，他用红墨水把每个人的缺点都写在纸上，把他们骂得体无完肤，骂完后怒气消去，他选择继续留在公司。此后，他总是把满腹牢骚用红墨水写在纸上，立刻感觉轻松不少。后来，同事们知道这件事后都觉得他有涵养，上司也对他青睐有加。

除此之外，类似于减压室形式的倾诉发泄也具有相同的效果，如在大山沟里大声喊叫等。日本有些公司为了缓解员工的情绪压力，专门设有"倾诉室""出气室"，里面放有假人、啤酒瓶、电视机等各种可以用来倾诉发泄情绪的物品。所以说，只要是能够表达出负面情绪，让内心变舒服的方法都可以叫作"倾诉疗法"。

倾诉，可以让我们拨开心灵的迷雾，让内心的阳光显露出来；倾诉，也可以让我们不再那么孤独，哪怕对方无言以对，也是我们最坚实的依靠和信赖。

# 4

## 冥想疗法：用正念抗击抑郁

心理学家发现，冥想有助于缓解抑郁症。个体在放松和集中精神的过程中，通过引导正面的潜意识，能够缓解甚至消除消极思考、反思和无法集中注意力等症状。

抑郁症的产生往往是一个持续的过程，患者大脑中长时间充满了消极的思想。比如"我的生活就是一团糟""我觉得我做不到"……他们一般会存在一种试图通过思考解决问题的习惯，认为只要自己足够努力就一定能够解决问题。然而，这种强制与问题进行对峙的方式，在一定程度上会引发焦虑或无力感，从而加剧抑郁的程度。通过冥想，我们就能够有意识地察觉到当下，将注意力从过度深思的旋涡中脱离出来，如此，抑郁心理所赖以生存的消极思想就会变得弱小。就像夜晚的满天繁星，你无法遮掩它们的光芒，但是，它们只存在于黑暗之中，当太阳升起时，它们也就消失了。

我们的思想经常处于一种无意识的游离状态，而这种状态很容易衍生出消极的深度思考，通过不断关注和反思以往的失败和悲伤，就会将情绪变得更加抑郁。冥想能够使个体有意识地控制自己的思想，避免陷入过度沉思或从过度沉思中解脱出来。这样，我们就关闭了使自己不断产生抑郁的大

门，从而使情绪得到改善。

在斯皮克·吉莱斯皮的一生中，有很长一段时间都生活在抑郁之中。在罹患抑郁症早期，她几乎每天都喝得酩酊大醉，卧床不起。她在回忆录中写道："在我十几岁的时候，我把饮酒当作一种自我治疗的方式。"

在 30 岁的时候，她在一个跆拳道课上接触到了冥想。她说："我们每次都会用 60 秒的正念呼吸作为跆拳道课的开始和结束。"这种以正念抗击抑郁的治疗方式，使她的生活发生质的改变。于是，不久之后，她的日常生活中就出现了瑜伽项目，同样，每一次的瑜伽都会以一种引导式的冥想结束。当她感受到正念为自己带来的变化，她将正念练习的时间从 5 分钟变为了更长时间。她说道："我增加了自己的练习安排，现在最长时间长达两小时。"

吉莱斯皮在每次醒来之后，都会穿着睡衣坐在垫子上开始冥想，关注自己的呼吸和身体感受，当抑郁的情绪出现之后，她会将注意力拉回来。她在回忆录中描述了冥想的感受和效果："这给了我一天的良好开始，正念练习会让我产生一种感觉：我很好、我很好、我很好，它会产生一种非常平静的效果，并且会持续一整天。"

美国哈佛大学医学家赫伯物·本林说："一个人身心过分紧张，会削弱体内免疫系统的机能，冥想带来的完全松弛，会减轻身体的紧张，是防治许多疾病的有效方法。"

那什么是冥想？临床心理学家温迪·哈森坎普解释为：

以一种特定或有意识的方式使用思想。而冥想疗法就是通过有意识地注重呼吸、身体感觉等方面，来摆脱负面情绪带来的影响。

哈森坎普在评估了 142 项临床试验，对超过 12000 名具有各种心理和行为状况的参与者进行分析后，得出了一个结论：正念冥想与常规疗法一样有效。他解释说："这意味着，对那些犹豫不决或想要避免药物副作用的人来说，正念冥想可以作为抗抑郁药的替代品来尝试。"美国约翰霍普金斯大学的学者，也通过对超过 3500 名患有压力、毒瘾、抑郁、焦虑等病症的病人进行研究，证实了正念冥想带来的效果。他们表示，每天进行 30 分钟的冥想会显著减少焦虑和抑郁的状况。

正念冥想不仅能够缓解抑郁症，一项医疗调查显示，正念冥想疗法对老年性高血压、冠心病、神经衰弱等疾病，也有着一定的治愈作用。即使身心健康的人也能够通过冥想获得裨益。冥想有利于大脑的左右脑平衡，消除疲劳感，保持人的机体健康。

从康复医学角度来看，冥想能够促进人体肌群的协调。在冥想过程中，无论选择什么样的姿势，都要求注意力高度集中，如此一来，使维持姿势的肌群达到锻炼的效果，尤其是平时不容易使用的核心肌群。

总而言之，正念冥想不仅能够帮助我们缓解焦虑和抑郁等心理疾病，还能起到提高免疫力、锻炼身体的健身效果。

随着高压人群数量逐渐增多，冥想逐渐成为更多人放松减压的新选择。很多城市开设了专门的冥想课程，更多的人也开始关注自己的身心健康，很多名人都是冥想的爱好者和获益者。

那我们该如何进行冥想呢？举一个例子，当你在感受自己的呼吸时，会专注于胸腔上下起伏的感觉。在这个过程中，你的思绪会不自觉地转移到其他事情上，然后，你需要将注意力再次转移到感受呼吸上。这个过程，就是一个简单的冥想。

在冥想的过程中，我们要注意的是，我们一旦出现其他的思绪，如生活中的某一个片段、以往的痛苦经历等，尽量不要控制自己的想法，因为，逃避和抗拒也是一种关注。而且，对于突如其来的思绪，我们要避免做出任何的分析和评价，让这些思想自然而然地流走，才不会受到它们的影响。

# 5
## OH卡疗愈：拥抱内心的感受

OH 卡在心理学上被称为"潜意识图像卡"，它是由德国心理学硕士莫里兹·艾格迈尔和墨西哥裔艺术家伊利·拉曼共同创作的一种"自由联想卡"及"潜意识投身"系统，包括 88 张文字卡和 88 张图像卡。OH 卡能够帮助我们挖掘自身的潜意识，拥抱内心的真实感受。

潜意识在心理学上被解释为人类心理活动中未被察觉的部分，也可以理解为个体在无意识中做出的行为。因此，我们经常会由于自身的某种行为而感到莫名其妙。举一个简单的例子：天气很热，你打算去买一瓶汽水解暑，然而，你走进超市之后买了一支冰激凌，在吃冰激凌的过程中，你会突然想起自己原本是打算买一瓶汽水的。这就是因为在你的潜意识中，对冰激凌的渴望要大于汽水，但你并没有察觉到这种想法。很多时候，我们由于某些原因会将某种渴望压抑在内心深处，由于感觉不到这种渴望的存在，就自认为对某方面并没有需求。

而OH卡能够帮助我们捕捉到这些平常不容易被察觉的想法，从而提高我们的自我察觉能力。OH卡中每一张卡片的图像，都构图粗糙、线条随意，给人一种模糊的感觉，它的运用源自心理投射技术。在心理学上，"投射"一词被解读为个体将自己的思想、态度、愿望等个性特征，无意识地反应于外界事物或他人的一种心理作用。

瑞士精神科医生罗夏曾做过一项非常著名的人格测验，被称为"罗夏墨迹测试"。这项测试便是运用了心理投射，通过被测试者观察墨迹图片给出的联想结果，对他们进行人格诊断。

罗夏将10张精心设计的墨迹图按照一定的顺序排列，通过"你觉得它是什么""它可能是什么""看到它你能想到什么"等问题，要求被测试者对其观察后进行描述。而事实上，

这些墨迹图只是一个对称图形，毫无意义。

被测试者在观察图片，并讲述图片上的内容时，会将自己的心态投射进情境之中，在不知不觉中暴露出自己的真实心理。回答的内容能够从侧面反映出被测试者不同的精神状态。比如一个人多次将图片解读为与死亡有关的事物，像死亡的动物、动物身上的毛皮、人的血液、头骨等，这就意味着他内心充满了抑郁和厌世的心理，具有自杀的倾向；一个人患上了焦虑症，并无法找到病因，他在进行罗夏测试后，将图片解读为大腿、胸脯等带有性意识的事物，这就表明他是因自身性功能存在问题而出现的焦虑。

"OH 卡疗愈"通过利用 OH 卡，挖掘内心的真实想法，从中洞察到真实的心理动机，从而更好地解决所面临的问题，实现自我的心灵疗愈。

在使用 OH 卡时，我们需要知道每一张卡片都没有固定的意义，需要我们自由联想和创造，并在叙述过程中避免内心的习惯性判断，相信自己的直觉，来表述自己真实的内心感受。在使用 OH 卡之前，我们一定要处于安静舒适的环境中，将自己的注意力集中在自己想要分析的问题上，以便更好地与 OH 卡进行连接。

将 OH 卡打乱，背面朝上，摊开成弧形，我们可以凭直觉抽取卡片，并捕捉见到图片时脑海中闪过的画面、语言和情绪感受等。通过提问的方式，展开探索。当我们抽到卡片时，可以询问自己"在这个画面中，你在哪里？或者画面中的人物是谁？""画面中的人物与你是什么关系？""讲一段话或编一个故事，将画面中的内容和文字穿插进去。""这张卡片的内容与你当下的困惑有什么联系？"，等等。在结束时，我们可以询问自己"现在的心情如何？""你对自己的困惑有什么新的认识？""你还愿意抽吗？"，等等。

举一个例子，以 OH 卡其中的一张为模板：

"在这张卡片中，你看到了什么？"

"我看到了一个中年男子坐在吧台喝酒，酒保在帮旁边的人下单。"

"你想象一下，这张卡片讲了一个什么样的故事？"

"中年男子在下班之后，感到十分辛苦。于是，他来到了自己熟悉的酒吧喝酒，旁边的椅子可能是有人刚刚离开或还没有来。"

"你认为是什么人刚刚离开或还没有来？"

"应该是和他十分亲近的朋友。"

"你认为他现在是一种什么感受？"

"我觉得中年男子应该压力很大，而独自饮酒能够让他感到放松，只不过一个人喝酒似乎有点落寞。"

"在生活中，你是否有这样的感受？"

"在上学的时候，每一次入学时，我都没有太多熟悉的朋友。所以，很多时候我都是一个人吃饭、上课、回家。虽然，我知道自己的独立性很强，但是仍然会感到孤独，希望有人能够陪伴自己。"

卡片本身并没有任何意义，我们面对 OH 卡的所说所讲，在很大程度上是内心隐藏需求或渴望的外在显现。OH 卡能带给我们更多的引导和启发，如果我们凭空询问或编撰故事，都会令我们无法看清自己的全貌，而 OH 卡可以在很大程度上帮助我们接近内在世界，拥抱内心的真实感受。

# 6

## 行动疗法：恢复活力的身体将你带离痛苦

众所周知，运动有益于身体健康，其实运动对心理健康也有着不容忽视的积极影响。运动有助于获得良好的情绪，而且恢复活力的身体会将你带离痛苦。

网络上曾经有一篇名为《陈年：凑热闹的公司都会烟消云散》的文章，在文章中，提到了在凡客公司转型时期，即将面临失败，包括凡客的老总陈年在内的所有人都动摇了。

甚至，因为过多的压力，陈年的身体健康状况摇摇欲坠。然而，他最终坚持了下来。让他坚持下来的原因有两点：一个是雷军的无条件支持，另一个就是跑步。

对于跑步，陈年曾说："在那段时间，每天坚持跑步对于我的帮助很大。我每天都要跑 10 公里以上。在这个过程中，释放的多巴胺极大地稳定了我的情绪。当你一旦开始跑起来，你就会发现：要么继续跑下去，要么人生完蛋；要么坐在那儿长吁短叹，要么坚持下去，情绪就会变得健康无比。"

在《让大脑自由》一书中，提到了"运动可以让我们的大脑更好地去运转"的原理："运动可以使更多的血液流向大脑，为大脑带来丰富的葡萄糖作为能量，同时还会带来氧气吸附遗留下来的有害的东西。"也就是说，当你在跑步的时候，你的血液会变得更加活跃，以此来刺激大脑形成新的细胞。新旧交替之后，你就会觉得大脑更加清醒。

著名小说家村上春树在刚成为专业小说作家的时候，为了寻找灵感，每天会抽将近 60 支香烟。而且，他的身体是那种易胖体质。不规律的生活和不好的生活习惯很快就把他的身体拖垮了。

为了能够继续做自己喜欢的事情，村上春树开始跑步。从 33 岁开始，风雨无阻，他坚持了 35 年。每一年，他都会至少参加一次全程马拉松，曾经获得 3.27 小时的好成绩。跑步不但改善了他的身体健康状态，而且使他在创作的时候能够保持清醒的头脑。

他曾在《当我谈跑步时，我谈些什么》一书中写道："我从 1982 年的秋天开始跑步，持续跑了将近 23 年，几乎每天都坚持慢跑，每年至少跑一次全程马拉松——算起来，迄今共跑了 23 次，还在世界各地参加过无数次长短距离的比赛。跑长距离原本与我的性格相符合，只要跑步，我便感到快乐。在我迄今为止的人生中养成的诸多习惯里，跑步恐怕是最有益的一个，具有重要意义。我觉得由于 20 多年从不间断地跑步，我的躯体和精神大致朝着良好的方向得到了强化。"

　　然而，运动对人体产生的积极影响远不止如此。通过运动，人体内会产生一种内啡肽，内啡肽能够进一步增强人的心理承受能力，从而使人的内心变得强大。而且，运动时，我们的注意力会集中在运动上，忽略与运动无关紧要的事情，进而使神经得到放松，避免长期受到负面情绪的干扰，以至于出现焦虑、抑郁等心理状态。

　　潘石屹曾公开表示："闲时跑步，因为有时间。忙时跑步，可以放松减压。高兴时跑步，让人更高兴。沮丧时跑步，让人高兴起来。"所以，在经常跑步的人身上很难看到沮丧，他们的精神状态往往是积极向上的，充满了正面能量，并且能够影响到身边的人。

　　所以，"行动疗法"能够使我们的身体恢复活力，远离负面情绪造成的伤害。针对不同的负面情绪，我们可以选择与之相对应的运动，对负面情绪的释放和排解起着事半功倍的作用。

　　针对焦虑情绪，我们可以选择慢跑、瑜伽、游泳等运动。因为焦虑是一种以坐立不安等行为为表象的情绪，而且会影响正常的神经功能，出现流汗、心慌等症状。针对这种状态，我们就需要选择一些能够舒缓身心、平复心境的运动。

　　针对愤怒情绪，我们可以选择登山、网球等运动。愤怒是一种带有攻击性的负面情绪，很可能会引发某种过激行为。所以，我们需要选择一些能够消耗大量人体能量的个人运动，用以宣泄内心的愤怒，同时，也不会对他人造成伤害。

针对紧张情绪，我们可以选择足球、篮球等运动。这些运动项目对个人能力、团队合作的需求度很高。而且，球场上的形势瞬息万变，紧张刺激，我们只有冷静地分析双方的优势与劣势，才能取得最终的胜利。这是对我们心理承受能力的一种考验，一旦我们经受住这种考验，就能够在遇到困难时，不会让紧张的情绪使自己变得手足无措。

针对抑郁情绪，我们可以选择跑步、羽毛球等运动。抑郁者往往处于长期的自我封闭状态，一旦运动项目过于复杂，就很容易使抑郁者难以进入运动状态，从而加深抑郁情绪对自身的影响。所以，当我们出现抑郁情绪时，最好要选择操作简单，而且具有一定强度的运动。

因此，参加体育运动，尤其是参加自己喜欢或擅长的运动，能够在使人获得乐趣的同时缓解负面情绪带来的影响，从而使自己的心理状态变得更加良好。

# 7
## 正念疗法：觉察当下，勇敢面对

如今，我们经常处于一种高压和步调紧凑的生活状态中，总是不断催促自己行动，导致无法将注意力集中在当下，不是在缅怀过去，便是在展望未来。而这种心猿意马的状态，往往会使我们更容易被各种情绪困扰，以至于出现焦虑症、抑郁症等心理疾病。

《中庸》中有这样一句话:"人莫不饮食也,鲜能知味也。"意思是:人们总是需要吃饭的,但是某一个食物的味道如何,很少有人能真正品尝出滋味。这是因为当我们在吃饭时,总是在思考吃完饭要去哪、要去做什么。

一行禅师在美国有一个叫吉姆的朋友。有一天,他们两个人坐在一棵树下,分吃一个橘子。吉姆在吃的时候,总是将一瓣橘子放进嘴里,还没有吃完就将另一瓣橘子送进了嘴中。这时,一行禅师说:"你应该将含在嘴中的那瓣橘子吃掉,再拿另一瓣。"

吉姆这才意识到自己正在做什么,只有专注地吃橘子的每一瓣时,才能体会橘子的甘甜。后来,吉姆因为参加反战运动而遭到逮捕,一行禅师担心吉姆无法忍受监狱中的生活,便写了一封简短的信给他:"你还记得曾经我们一起分享的那个橘子吗?你在那里的生活就像那个橘子一样,吃了它,与它合为一体。明天,一切都会过去的。"

过多的杂念往往会令人无法专注于当下,进而迷失本心,丧失原有的智慧。而"正念"恰恰能够帮助我们脱离这种自我迷失的困境。"正念"一词出自佛教《大念处经》,指的是通过持续性的专注,察觉当下。美国麻省大学的卡巴金博士将"正念"运用到对焦虑症、慢性疼痛等疾病的治疗中,经过反复验证,确认了"正念"所具备的效果。

研究表明,人一般存在两种意识模式:一种被称为行动模式,在日常的工作和生活中,这种意识模式占据了我们大部分时间，用以思考、决策、行动等行为以解决遇到的问题。在这个过程中，内心脆弱或存在焦虑、抑郁等病症的人，往往会本能地抵抗或排斥自身的负面情绪，对现实或自我进行否定；另一种模式被称为存在模式，而在这种模式中，我们只是去察觉当下，对自身的负面情绪和自身所经历的一切持有一种接纳包容的态度，不会妄加评断，更不会随意改变。而"正念疗法"就是通过更多开启存在模式进行疗愈的方法。

李静刚刚拿到博士学位，进入一家公司工作。一开始，她的工作能力得到了很多人的认可，顺利地完成了很多项目。她本以为自己能够在工作上更进一步，然而，她突然发现自己出现了一些莫名的压力，在和男同事交流的时候会不由自主地冒出很多奇怪的想法。于是，她开始变得紧张、怯懦，不敢和男同事交流，即使是工作中正常的沟通也难以进行下去。

经过一段时间的"正念"练习，她发现自己产生的莫名压力源自母亲。母亲经常在她的耳边唠叨说，她的年龄太大了，再拖下去可能找不到对象。这种过重的唠叨使她在与男同事交流时总是想到母亲的期望，于是，她很难集中精力去面对对方。

"正念疗法"使她逐渐改变了对自己情感生活的判断，从而不再以审视的眼光去面对异性，更好地解决了她在男同事面前的紧张和焦虑的问题。

"正念疗法"的原则在于不加评判地专注于当下。最简单的方式就是专注于呼吸的练习。首先我们需要规避一切能

够干扰到自己的声源，如手机、电视等，然后以一个最舒服的姿势躺好或坐好，将分散的注意力集中，回到当下，体验自己的每一次呼吸，尝试将注意力集中在自己的呼吸上，如此往复。

在这一项练习中，我们很可能会感觉身体的某个部位出现了不舒服的情况，或者感到烦躁不安，这时，我们就要尝试着察觉和面对这些感受，接纳它们，将它们视为自己的一部分。不要刻意地回避和压抑这些感受，也不要去评判或责备自己。当这些感受产生时，如果我们察觉到自己习惯性对这些不良情绪抵触和厌恶，并试图压制它们，我们也不需要去回避或者改变，只做好一个内心的观察者。而在观察的过程中，你会发现这些感受每时每刻都在发生变化，而这些感受所引发的念头与思维并不属于我们。当某种情绪或念头消退之后，我们再将注意力转移到呼吸上，如果再次出现某种情绪或念头，循环往复即可。

在练习过程中，出现胡思乱想的情况很正常，我们不要过于自责，甚至放弃。这是由于我们长期以行动模式作为主导的结果。当我们能够不断坚持正念练习，内心就会逐渐平静下来，看清焦虑、抑郁等情绪运作的方式，对自己产生更多的理解和关照，使自己的负面情绪得到控制。

"正念疗法"能够让我们察觉到生活中正在发生的一切，而不会因自身习惯性的逃避和抗拒使自己深陷负面情绪中，从而更好地面对生活。

# 8

# 感恩疗法：减少内心的焦躁

感恩是一种心存感激的行为，可以解释为"细数你获得的眷顾和庇护"。懂得感恩是父母教育孩子最重要的课程之一，以帮助他们树立正确的人生观和价值观。而且，感恩不仅有利于个体的成长，还能使他们减少内心的焦躁，对身心健康起到积极的影响作用。

美国生物心理学家杜雷思沃密经过研究发现，无论感恩的对象是谁，感恩的方式如何，感恩心理都能够提升一个人的幸福感，产生满足、愉悦等积极情绪，使大脑分泌大量的催产素。而催产素具有放松神经系统的作用，能缓解焦虑、紧张、沮丧等心理压力，使个体恢复心境平和的状态。

"感恩疗法"就是建立在这种生理机制的基础之上。心理学家保罗·布洛克斯以自身的经历诠释了"感恩疗法"所带来的积极效果。他的妻子罹患癌症7年，在这7年中，保罗无时无刻不在为妻子的身体状况担忧，而妻子的豁达与感激，让他再次感受到了生命的意义。他说道："癌症就在我的身边，我们知道它最终会带来什么样结果，但它给了我们更多相聚的时间，我们仍然要感谢它。"

当妻子进行第三次化疗时，医生所使用的"卡培他滨"

药物使妻子疲倦、恶心等症状得到缓解。保罗和妻子再一次感恩"卡培他滨",甚至感恩周围的环境、孙子的出生等上天给予的恩赐,这使得保罗体会到了深深的幸福感,从而降低了焦虑和不安的情绪,更好地与妻子享受在一起的时光。

每一个心理脆弱的人都会在自己的心里筑起一道围墙,隔绝与外界的真实接触,并有针对性地接收现实的信息。这种在潜意识中过滤外界信息的行为,往往由后天的刺激所导致,比如遭受过男性的侮辱或侵害的人,会对所有男性产生具有主观性质的抗拒感;自卑或抑郁的人经常会使用带有强烈自我否定的语言与自己交流,像"你的能力太差,你从来就没有做好过任何一件事""你长得太丑,没有人会喜欢你"之类的话。然而,你有目的地接受外界信息,会让你只能看见自己脆弱的一面,长此以往,这种行为会强化内心的自我否定,使你变得更加悲观。

如果想要打破这种信息过滤的机制,我们就需要改变自己的思考方式。负面情绪的出现,在一定程度上是因为我们太过关注外界的负面信息。通过感恩,我们能够意识到自己当下所拥有的美好,而不仅只有外界对我们的敌意。这时,我们的思维方式就会得到转变,就像当我们见到一个装着半杯水的杯子时,我们会认为它是"半满",而不是"半空"。

心理治疗专家特浦福曾说:"感恩是一剂良药,对身体所有器官都能起正面作用;感恩是一种不能忽视的力量之源,对身心两方面都能施以巨大的热量。"

有一位老太太，104 岁高龄时依然耳聪目明。有人向她请教长寿的秘诀，老太太笑着回答说："我的秘诀就是，每天花 3 分钟时间来感恩。用一分钟感恩父母、儿女以及身边的人；用一分钟感恩大自然给予的恩赐与宽容；用一分钟感恩每一个平安、祥和的日子。"懂得感恩使她更容易触摸到幸福，以一种乐观、平和的心态来面对自己的人生。

　　心理学家也曾通过长期的观察结果，印证了感恩能够给人的成长带来积极的影响。心理教育专家马斯特经过长达 20 年的跟踪调查发现，一个人如果在小时候就懂得感恩，那么他在睡眠情况、心理状态和整体的发育水平等方面优于正常的孩子。他们几乎不会出现抑郁、焦躁等负面情绪，也很少参与打架斗殴等暴力行为。而且，他们在社交方面也能够做到游刃有余，婚姻也相对更为幸福和稳定。

　　在很多人心中，生活中好像并没有值得自己去感恩的事情。事实上，他们只不过是被自我蒙蔽了双眼，认为他人对自己的关心和爱护理所应当，认为他人对自己的尊重远远不够，认为社会对自己充满了不公……各种不如意的事情萦绕在心头，以至于让不满、怨恨等负面情绪囚禁了心灵。然而，生活中一定存在着明媚的阳光，你眼中昏暗的世界，不过是你选择躲开了太阳。

　　感恩其实很简单，我们只需要在每天晚上思考，在这一天中值得自己感激的三件事，详细地记录下来，体会周围的人或物带给你的温暖。我们也可以为曾经帮助过自己，而自

己尚未表达感谢的人写一封感谢信，并大声地朗读出来。总之，无论你是说，还是写，或者自言自语，只要能够让自己意识到世界的美好，你就是在通过感恩的力量一点一滴地治愈你脆弱的心灵。

克里斯蒂安·霍尔曾经写道："感恩的心就像一颗从白雪皑皑的山上滚下的雪球，每转一圈都会长大一些。谁知道它将带你去何方？"感恩是一种高贵的品质，是一种高素质的表现，更是一种缓解焦躁、洗涤心灵的疗愈方式。它将带领我们远离脆弱，走向内心强大的终点。

# 9
## 内观疗法：发现新的自我

"内观疗法"由心理学家吉本伊信首次提出，经过不断完善，成为一种独立的心理治疗方法。所谓内观，指的是个体通过观察内心的真实感受，使情感发生变化，进而改变以自我为中心的认知模式。

一个人因内心的脆弱而出现自卑、沮丧等消极情绪，恰恰是由于对心中真实自我的抗拒。其实，世界并不是充满黑暗的，只不过是我们没有察觉到光明罢了。正如西班牙作家塞万提斯在《唐·吉诃德》中说的一样："人应该了解自己，而了解自己也是世界上最难的课题。"

有这样一个故事：一个乞丐总是背着一个箱子在街上乞

讨，累了就坐在箱子上休息。他不断地祈求着他人的施舍，并在心中暗暗咒骂那些眼中充满冷漠的行人。他自始至终都没有想过打开箱子，看一看里面究竟有些什么。有一天，他在一个行人的建议下，打开了跟随自己多年的箱子，发现里面堆满了珠宝，而他背着箱子过了很多年的乞丐生活。

现实生活中，很多人都是"乞丐"，虽然被他人的关爱包围着，却丧失了感受这一切的能力。他们不愿直视内心的脆弱，不断地否定自己，将自己关押在令自己感到舒适的角落，任由自卑、怨恨等情绪将自己拖入痛苦的深渊，无法解脱。而内观，就是打开"箱子"的钥匙，能够打破我们为自己构建的幻象，看清真实的自我。

吉本伊信认为："内观的目的在于祛除'我执'。""我执"可以理解为个体内心所执着的错误认知。比如自己天生就不讨人喜欢，自己天生就不是做这一行的料等。一般来说，内心脆弱的人存在着一种矛盾心理，一方面渴望改变，另一方面惧怕改变。通过内观，能够使他们觉察到内心的错误认知，从而消除拒绝改变的心理。当一个人长期将自己置于"被害者"的立场，就会坚信自己是无辜的，从而产生怨恨和不满的情绪，需要对方做出补偿。然而，一旦他们洞察到自身的错误认知，就会认识到事实并非如此，从而消除内心的负面情绪，并对他人的包容与帮助产生感谢的念头。自卑等心理也是如此，如果你见识到自己真正的力量，就不会再畏首畏尾。所以，当我们对自己有正确的认知之后，就能够更好地

接纳他人和自己。另外，在内观的过程中，我们需要通过察觉他人的关注，来印证自我认知中存在的错误。当我们觉察到他人对我们的爱时，就能够唤醒被自己所遗忘的爱，对心理产生冲击，使内观程度得以加深。

在"内观疗法"中，情感的启动和变化是疗愈的重要组成部分。当我们对自己的人生进行再体验时，会有目的地感受他人带给我们的亲近感和信任感，重温过往的温暖与幸福，进而肯定自己的价值。而且我们还能通过多角度、多层次的理解和分析，感受到因做错事而产生的愧疚感和负罪感，改变原来的错误认知。

周燕在小时候经常听到父母的争吵，这种童年遭遇在她心中留下了难以磨灭的烙印，以至于成年之后，周燕的内心极度渴望父爱。在遭受婚姻失败的打击后，她患上了抑郁症。

她一直认为自己的父亲不爱自己，而在内观过程中，她回忆起小时候的一段往事。在她3岁那年，她跟随父亲下地干活，当她摔倒在地上的时候，父亲并没有马上跑过去将她扶起来，而是让她自己爬起来。她果真按照父亲所说，自己爬了起来，快速地跟上了父亲。

她意识到自己不过是内心不够坚强，才会向他人渴求关爱，父亲并不是不爱自己，他是希望自己懂得摔倒并不是一件大事。自己之所以会对父母和他人产生怨恨，就是因为自己的欲望没有得到满足。脑海中的种种回忆告诉了自己，父母无论如何争吵，对自己的爱从来都没有消失。

而对前夫的内观也让她清醒地认识到，自己与前夫并没有真正的感情基础，而且，自己对他的苛求，也是他离开自己的主要原因。在内观之后，周燕终于化解了内心的怨恨，学会了用一颗平常心来看待生活。

　　"内观疗法"需要在一个安静的环境中进行，为了避免外界的干扰，我们可以选择面向房间中的墙壁，通过对个人经历的回忆，询问自己：别人为我做过什么事情？我为别人做出了哪些回报？我为别人带来了哪些麻烦？将目标从父母到同事逐一转换，使自己重温被爱的情感体验，唤起内心的责任感和愧疚感，使情感波动加剧，破坏原来的认知框架，从而重新构建自我形象。

　　《论语》云："吾日三省吾身：为人谋而不忠乎？与朋友交而不信乎？传不习乎？"而"内观疗法"就是一种类似的自省过程，通过反省自己，认识到自己的不足和缺陷或肯定自我的价值，进而发现自我，洞察自我，重新认识自我。

　　因此，"内观疗法"能够帮助我们发现新的自我，使我们的心灵得到进一步的净化与丰富，远离脆弱心理，变得真正强大起来。